나를 복제한다면

A CLONE OF YOUR OWN?

나를 복제한다면

A clone of your own?

알린 주디스 클로츠코 지음 · 이한음 옮김

을유문화사

나를 복제한다면

초판 제1쇄 인쇄 2005년 8월 20일
초판 제1쇄 발행 2005년 8월 25일

지은이 알린 주디스 클로츠코
그린이 데이비드 만
옮긴이 이한음
펴낸이 정낙영
펴낸곳 (주)을유문화사

기획 정준호, 박원영 | 편집 이미경
영업 허삼택, 김기완, 강정우, 윤석진 | 관리 김덕만
디자인 디자인 비따 | 인쇄 백왕인쇄 | 제본 우진제책

창립 1945년 12월 1일 | 등록 1950년 11월 1일(1-292)
주소 서울특별시 종로구 수송동 46-1
전화 734-3515, 733-8153 | FAX 732-9154 | E-Mail eulyoo@chol.com
ISBN 89-324-7090-1 03470
값 12,000원

어느 누구에게서든 독특한 점을 보고

소중히 하라고 가르쳐주신

아버지 찰스 클로츠코를 기리며.

►쌍둥이들

REDIFFUSION

옮긴이의 말

황우석 교수의 배아 줄기 세포 연구 결과는 또 한 번 세계를 놀라게 했다. 이제는 어떤 연구가 이루어지고 앞으로 어떤 성과가 나올 것이다라고 누구나 어느 정도는 짐작하는 상황이지만, 막상 연구 결과가 나오면 세상은 발칵 뒤집어진다. 그리고 언론에 한바탕 시끌벅적하게 소개되고, 이런저런 주장이 이어지는 일이 되풀이되는 듯하다. 여러 차례 반복되다 보니, 이제 나올 만한 주장들은 거의 다 나온 듯싶다.

이 책은 그런 주장들을 다루고 있다. 그런 주장들을 따라가다 보면 대개 인간 복제 문제로 귀결되게 마련이다. 사실 복제양 돌리의 탄생으로 동물 복제가 가능하다는 것이 밝혀지자마자, 모든 논의는 인간 복제 쪽으로 향했다. 동물 권리 옹호론자들에게는 안타까운 일이지만, 동물 복제는 인간 복제에 비하면 부차적인 문제로 취급되는 듯하다.

이렇게 세상을 깜짝 놀라게 한 복제 기술은 줄기 세포 기술 및 유전자 조작 기술과 결합되면서 무한한 가능성을 열어 놓았다. 그에 따라 관련된 논의도 다양해졌다. 그리고 지식이

쌓여가고 좀더 냉철하게 상황을 바라보게 되면서, 막연한 두려움과 과학 소설적 상상력에 기댄 주장도 서서히 합리적이고 현실적인 주장으로 바뀌어왔다.

가령 처음에는 복제 기술로 히틀러 같은 독재자가 양산될 것이라는 식의 어처구니없는 주장이 많았다. 일란성 쌍둥이가 바로 클론이라는 말을 과학자들이 수없이 하고 나서야, 비로소 클론이 영혼 없는 존재라는 식의 흥미롭지만 터무니없는 주장은 어느 정도 수그러들었다. 물론 영화 속에서는 지금도 그런 논리에 기댄 상황들이 자주 등장하지만, 상상력은 자유로워야 하는 법이니 문제삼을 필요는 없다. 가끔 그런 상상과 현실을 혼동하는 일이 벌어지곤 하지만.

독재자를 복제할 것이라는 주장에 못지않은 우려를 불러일으킨 또 다른 주장이 있었다. 복제 기술로 장기 이식용 여분의 몸을 만들거나 아예 뇌를 옮겨 넣을 젊은 몸을 만드는 일이 횡행할 것이라는 주장이었다. 벽장 속에 여분의 몸을 비치해 두었다가 어느 장기에 이상이 생기면 바꿔 끼운다는 주장이 그렇다. 그것은 어느 정도 가능성이 있어 보이기도 한다.

하지만 줄기 세포가 알려지면서 논의의 초점이 이동했다. 줄기 세포는 굳이 몸 전체를 만들 필요가 없다는 생각을 품게 했다. 원하는 장기나 조직만 만들면 된다는 것이다. 그리고 이상이 생긴 유전자를 교정한 뒤에 줄기 세포를 만든다면, 유전병을 치료할 가능성은 더 높아진다.

이 책은 이런 인간 복제에 관한 논의와 쟁점을 하나하나 짚어간다. 그리고 현재 벌어지고 있는 상황들을 중심으로 다양한 입장 차이를 다루고 있다. 읽다 보면 번식용 복제와 치료용 복제의 차이, 인공 수정과 인간 복제의 차이, 인간 복제의 법적 규제 문제, 인간 복제와 불임 부부의 문제 등 시사적인 문제들을 골고루 접하게 된다. 저자는 《프랑켄슈타인》과 《멋진 신세계》를 언급하면서 인간 행위의 결과를 두려워하는 이유가 무엇인지 근원을 살펴보기도 한다.

인간 복제 논의는 사본 만들기에서 배아의 지위에 이르기까지 다양한 양상으로 전개되고 있다. 저자가 말하듯이 아무리 모작을 그린다 해도 모나리자는 하나뿐이다. 그리고 나라는 존재도 하나뿐이다. 이 책은 그런 원칙 아래 인간 복제를 둘러싼 논의들을 살펴본다. 부피는 얇지만, 현재 인간 복제 논쟁이 어떤 단계에 와 있는지 훑어보기에 적합한 책이다.

최근 황우석 교수 연구진은 개 복제에 성공했다고 발표했다. 이 책에는 개 복제에 매진하고 있는 연구자들의 이야기도 나오는데, 그들은 헛물을 켠 셈이다. 이렇게 국내 연구진이 복제 연구의 난관들을 하나씩 극복해감에 따라, 세계적인 복제 연구자들도 우리나라로 모이고 있다. 이제 한국이 복제 연구의 중심지라는 데에는 이견이 없을 듯하다. 하지만 국내의 복제 논의는 연구 수준에 비해 활발하지 못하다. 이제는 복제 연구와 논의의 거리를 좁힐 때가 된 듯하다.

차 례

►처먼딜레이 자매

감사의 말

먼저 연구와 이 책을 집필할 수 있도록 후원해준 앨프리드 슬로언 재단에 감사한다. 특히 재단의 대중 과학 이해 프로그램 담당자인 도런 웨버에게 많은 빚을 졌다.

멋진 그림으로 책에 활력을 불어넣은 데이비드 만에게도 감사한다.

그 밖에도 여러 친구와 동료가 도움을 많이 주었다. 캐럴 배런, 콜린 블랙모어, 그레고리 보크, 케니스 보이드, 키스 캠벨, 엘리자베스 그레이엄, 줄리아 그린스타인, 크리스토퍼 히긴스, 수전 조페, 밥 리버만, 앤 매클래런, 로리 페트릭, 토니 로손, 마틴 레드펀, 존 리슬리, 에릭 샤프, 버지니아 슐츠, 아짐 수라니, 앨런 트라운슨, 로빈 와이스, 스틴 윌러드슨 등 모두에게 고맙다고 말하고 싶다.

흔쾌히 박물관 집필실을 이용할 수 있도록 해준 국립

과학박물관 관장 린지 샤프와 부관장 헤더 메이필드에게도 감사를 드린다.

또 중요한 시기마다 큰 도움을 준 데이비드 하이엄 어소시에이츠의 저작권 대리인 다니엘라 베르나르델레와 브루스 헌터에게도 고맙다는 말을 전한다.

어떻게 책을 쓸지 함께 고민하고 도와준 옥스퍼드 대학 출판사의 셸리 콕스에게도 깊은 감사를 드린다. 그리고 초고를 읽고 제안을 많이 해준 엠마 시먼스, 커크 젠슨, 마이클 로저스, 마사 필리언, 메리 워싱턴, 익명의 검토자들에게도 감사한다.

►인형 얼굴 제작

들어가는 말 | 사실과 허구 |

조지 루커스는 많은 사람들이 오랫동안 기다려왔던 스타워즈 시리즈의 속편(스타워즈 에피소드 2 - 옮긴이) 제목을 어떻게 지을까 고심하다가, '클론의 습격*Attack of the Clones*'이라고 정했다. 사실 그보다 더 부정적이고 위협적이고 몸서리를 치게끔 연상 작용을 일으키는 제목을 찾기는 어려웠을 것이다.

'클론'이라는 단어를 접하기만 해도 우리 머릿속에는 온갖 영상들이 떠오른다. SF 영화들은 의도적으로 그런 영상을 불러일으킨다. 이름도 표정도 지성도 없는 유사 인간들이 행군하는 광경이 머릿속에 그려진다. 영화에서 복제라는 꿈은 대부분 악몽으로 그려진다.

신화, 문학, 영화에 담긴 강력한 이미지와 비유는 복제에 대한 우리의 생각을 파고들고 우리의 반응을 물들인다.

이는 오래전부터 내려온 의문과 걱정들을 나타낸 것이기 때문에 우리의 상상을 계속 사로잡고 있다. 오만이나 광기에 사로잡힌 미친 과학자가 생명체를 창조하고, 자연의 질서를 어기고, 자신이나 우리의 통제를 넘어선 강력한 존재를 세상에 풀어놓을 것이라는 걱정들이 그렇다. 물론 그 패러다임에 딱 맞는 인물은 프랑켄슈타인이다. 그리고 올더스 헉슬리(Aldous Huxley)가 쓴 《멋진 신세계*Brave New World*》에서 아주 인상적으로 묘사된 산업 사회의 탈인간화를 우려하는 목소리도 있다.

아침에 커피를 마시면서 신문을 읽을 때, 우리는 그 악몽이 괴짜 인물들의 모습을 한 채 식탁까지 침입해왔다는 것을 깨닫는다. 신문은 인간 복제 전문가가 되고자 하는 네 사람을 소개하고 있다. 의사인 리처드 시드(Richard Seed)는 내 생각에 어느 누구보다도 실제 복제를 할 가능성이 가장 높은 사람이다. 그가 그 악몽의 첫 주인공이다. 그는 복제가 우리를 신의 옆자리에 앉혀줄 수 있을 것이라고 전망하면서, 그 신성한 목적을 위해 자신과 아내의 자궁을 기꺼이 제공하겠다고 했다. 그 다음에 등장하는 인물은 라엘(Rael)이다. 라엘은 원래 언론인이었으나, 지금은 한 종교 집단의 지도자가 되어 있다. 2002년 12월 말과 2003년 1월 초에 라엘이 운

► 외계인 침략자들

영하는 인간 복제 회사인 클로네이드(Clonaid)는 아기들을 복제했다는 입증되지 않은 주장을 내놓아 세상을 떠들썩하게 했다가 온갖 비판을 받았다.

라엘은 캐나다에 UFO가 착륙했을 때 클론들을 만났

다고 주장했다. 그때 그들에게서 복제 기술을 전수받았다고 한다. 그는 엉뚱하고 터무니없는 주장을 내놓곤 했는데, 그 중에는 9월 11일 공습으로 사망한 미국인들을 모두 복제해서 부활시키겠다는 주장도 있었다. 그는 희생자들을 슬픔에 빠진 사랑하는 사람들에게 돌려주고, 항공기 납치범들을 복제해 법정에 세운다면 과학적 일괄 묶음 형태로 정의와 자비를 한꺼번에 실현할 수 있다고 했다.

복제 4인조 중 세번째 인물은 오페라에서 막 튀어나온 듯이 보이는 이탈리아의 불임 전문의 세베리노 안티노리(Severino Antinori)이다. 그 전에 그는 인공 수정 기술을 써서 예순세 살의 할머니를 임신시키는 데 성공한 인물로 알려져 있었다. 그의 주장, 허세, 잊힐 만하면 내놓는 연구 진척 상황 발표는 많은 사람들, 특히 유럽 사람들의 이목을 끌었고 동시에 우려를 불러일으켰다. 사실 영국이 2001년 11월 번식 목적의 복제를 서둘러 금지한 것도 안티노리 박사가 곧 영국에 오겠다는 말에 위협을 느꼈기 때문이다. 그는 갑작스럽게 법적 공백이 생긴 틈을 타서 영국의 불임 남성들을 복제하여 부인들에게 잉태시키겠다고 공언한 바 있었다.

1년쯤 뒤 안티노리가 베오그라드를 방문한다는 소식에 세르비아에서도 황급히 복제 금지 법안이 제출되었다.

►당신의 클론이오

이 주인공들 중 마지막 인물은 미국에 거주하는 불임 전문의 파노스 자보스(Panos Zavos)이다. 그는 한때 안티노리 박사와 함께 일한 적이 있었다. 하지만 그들은 대판 싸운 뒤 서로 헤어졌고, 자보스 박사는 독자적으로 복제 연구를 시작했다. 이들의 복제 계획은 모두 장소도 모르고 법적 규제도 없는 미지의 국가에 있는 비밀 실험실에서 이루어지고 있다고 하며, 그런 소문은 복제에 대한 경악과 우려를 더하고 있다.

이렇게 복제 전문가가 되려 하는 사람들 중에 과학 소설이나 익살극에서 튀어나온 것 같은 인물들이 있긴 해도, 우리는 복제 기술의 실상이 어떠한 것인지 이해할 필요가 있다. 번식용 인간 복제는 더 이상 가정이 아니다. 이제는 언제 일어나느냐 하는 문제가 되었다. 이미 핵 이식 기술을 통해 양, 소, 돼지, 염소, 생쥐, 토끼, 말, 쥐, 고양이, 노새가 복제되었다. 비록 원숭이 복제는 아직 이루어지지 못했지만. 아직은 말이다.

난자를 비롯하여 세포를 하나하나 조작하는 데 필요한 기술은 이미 불임 병원에서 널리 쓰이고 있다. 전 세계에는 그런 병원이 무수히 많으며, 규제가 대부분 또는 전혀 이루어지지 않는 나라도 있다. 핵 이식 기술은 성공률이 극히 낮지만 배우기는 어렵지 않다. 실제로 미국에 있는 한 생명공학 회사에서 여름에 실습생으로 일하던 십대 소녀가 그 기술을 배워 돼지를 복제하기도 했다.

이렇게 말하긴 했지만, 대다수 불임 전문의가 지금 당장이나 가까운 미래에 인간을 복제하려는 시도를 하지 않으리라는 것은 분명하다. 복제 과정 자체와 복제된 동물들에게 생기는 온갖 기형 원인을 충분히 파악하지 못하고 있는 현재의 과학 지식 수준을 고려할 때, 당장 인간을 복제하려 시도한다면 그것은 대단히 부도덕한 짓이며, 그 과학자는 학계에서 매장될 것이 분명하다. 최근에 한 의사가 내게 말했듯이, 번식 목적으로 인간을 복제하는 행위는 '경력에 도움이 안 될 것이 뻔하다.'

인간 복제라는 개념이 불러일으키는 두려움은 단지 안전성 문제에 국한된 것이 아니다. 불행히도 복제는 유전공학과 과학과 과학자가 통제에서 벗어날 것이라는 더 보편적인 두려움을 대변하는 양상으로 발전했다. 조지 루커스가 '클론의 습격'이라는 제목을 택한 것은 이처럼 실제 연상되는 관념을 교묘하게 이용한 것이라 할 수 있다.

어쨌든 외양간이나 들판이나 연구실에서 복제양 돌리나 그보다 유명세가 덜한 복제 동물들을 직접 접하는 우리

►정원에서도 복제를 한다

같은 사람들을 제외하고, 실제로 클론을 본 사람들이 있을까? 있다. 아니 사실 대부분 모든 사람이 보았다. 바로 일란성 쌍둥이가 그렇다. 그들은 클론이다. 즉 유전적으로 똑같은 사람들이다. 계획을 통해 태어난 것이 아니라 우연으로 생겨난 산물이라는 점이 다르지만 말이다. 일란성 쌍둥이는 유성 생식으로 생긴 배아가 두 개로 나뉘면서 자연적으로 생긴다. 실제로 겪어보면 우리는 쌍둥이나 다른 사람이나 별다를 바 없다는 것을 안다. 남과 똑같은 유전자를 한 벌 고스란히 갖고 있다고 해서 개성이나 인간성이 모자라는 것은 아니다. 한쪽이 다른 한쪽의 사본도 그림자도 아니다. 따라서 루커스는 영화 제목을 '한참 뒤에 태어난 일란성 쌍둥이들의 습격'이라고 지을 수도 있었다. 물론 그렇게 지었다면 그다지 겁나게 들리지 않았겠지만 말이다.

클론이라는 단어에는 모멸적인 비유들이 한가득 달라붙어 있지만, 어원을 따져보면 온건하고 지극히 무해하다. 그 단어는 잔가지를 뜻하는 그리스어 'klown'에서 유래했다. 그리고 복제(클로닝)는 식물을 잘라서 재배하는 것을 뜻했다.

따라서 정원사들로 우글거리는 영국은 복제 전문가(cloner)의 세상이기도 하다. 사과나무에서 제라늄에 이르기까지 온갖 식물을 복제하는 전문가들의 세상인 셈이다.

이런 원예용 복제는 수천 년의 역사를 지니고 있다. 복제 전문가들은 높은 번식률과 질병 저항성이라는 가치 있는 두 가지 특성을 구비한 식물을 만들어내기 위해 더욱더 공을 들였다. 하지만 인간이 개입하지 않아도 느릅나무처럼 스스로 복제하는 식물도 있다. 느릅나무의 뿌리는 땅 속으로 뻗어가서 똑같은 새로운 나무를 자라게 한다.

'클론'이라는 단어는 동사 겸 명사이다. 동사로 쓰일 때는 클론을 만드는 과정을 가리킨다. 클론이 형성되는 과정은 두 가지이다. 하나는 일란성 쌍둥이를 만드는 배아 분리로서, 드물긴 하지만 자연적으로 일어나는 과정이다. 다른 하나는 복제양 돌리가 탄생하는 데 쓰인 핵 이식이라는 기술이다. '클론'은 명사로 쓰일 때에는 원래 의미인 동물을 뜻하기도 하고 '사본'인 동물을 가리키기도 한다. 의미를 명확히 하기 위해 전자를 '원본'이라고 하고, 후자를 '클론'이라고 하자. 클로닝은 어버이에 해당하는 한 개체로부터 자손이 생겨나는 무성 생식 중 하나이다. 동식물 중에는 본래 무성 생식을 통해 번식하는 것들도 많다. 하지만 포유동물은 본래 그렇지 않다. 그래서 이야깃거리가 된다.

1996년 7월 5일, 새롭고 시끌벅적하고 윤리적 논쟁을 젊어진 존재가 세상 속으로 들어오면서, 우리 삶에 변화를 가져왔다. 양답지 않은 양 돌리가 에든버러 교외의 작은 마을인 로슬린에서 태어났다. 돌리는 앞서 살았던, 아니 살다가 이미 죽은 생물로부터 복제되어 태어난 최초의 포유동물이었다. 돌리는 핵 이식을 통해 복제되었다. 연구자들은 6년생 양의 젖샘 세포 하나에서 세포핵을 빼낸 다음, 그것을 원래 있던 세포핵을 빼내고 세포질이라고 하는 젤리 같은 물질만 남은 다른 세포에 넣었다. 그러자 세포질에 든 인자를 삽입한 세포핵 프로그램을 재설정한 듯하다. 이 재프로그래밍이 바로 핵 이식 클로닝의 핵심이다.

사람들은 복제 과학이 밝혀낸 놀라운 깨달음이나 동물 복제가 내포한 윤리 문제에는 그다지 깊은 관심을 보이지 않았다. 당시나 지금이나 사람들이 우려하고 의문을 제기하는 것은 인간 복제 문제이다. 이런 기술을 이용하면 인간을 복제할 수 있을까? 과연 복제를 할 필요가 있을까? 언젠가는 하게 될까? 대답이 나오기를 기다리지도 않은 채, 입법자들은 금지법을 제정하는 데 서둘렀다. 그 문제를 다룰 위원회도 구성되었다.

신문, 잡지, 라디오, 텔레비전 기자들은 로슬린까지 순례를 와서 돌리에게 면담을 요청했다. 돌리는 그들이 사진을 찍도록 기꺼이 자세를 취해주었다. 자신이 원하는 뇌물을 주기만 하면 말이다. 뇌물이란 영양분을 보강한 사료였다. 돌리는 2003년 2월 14일 사망할 때까지 명성을 누렸다.

돌리를 보려고 세계 곳곳에서 온 순례자들이 그 마을에 온 최초의 순례자들은 아니었다. 돌리가 탄생하기 전에 로슬린에서 가장 유명한 곳은 로슬린 성당이었다. 그곳은 그 마을에서 유일한 명소였다. 15세기에 세워진 그 성당에는 지금도 수수께끼로 남아 있는 유명한 도상이 있으며, 수많은 사람들이 그것을 해석해 생명의 의미를 밝혀내고자 들르곤 했다. 그곳에는 성경에 실린 이야기부터 프리메이슨(중세의 석공(Mason) 길드에서 비롯된 세계 최대의 박애주의 비밀결사체로 18세기 초 영국에서 만들어졌다 – 옮긴이)을 거쳐 이교도에 이르기까지 다양한 내용을 담은 부조들이 있다. 심지어 콜럼버스가 아메리카를 발견하기 전에 새겨진 신세계의 식물을 묘사한 부조도 있다고 한다.

로슬린 성당에서 가장 유명한 것은 도제 기둥(Apprentice Pillar)이라는 아주 멋진 기둥이다. 이 기둥은 왠지 DNA 이중 나선 구조를 떠올리게 한다.

일화에 따르면, 이 기둥을 조각한 도제는 책임자인 석공에게 죽임을 당했다. 너무나 아름답고 완벽한 작품을 만

►도제 기둥

들었다는 것이 이유였다. 재능과 자부심의 산물인 그 기둥 때문에 죽어야 했던 것이다. 또 그가 자신의 모습을 조각하여 영원히 자신의 걸작을 응시하게 했다는 일화도 있다. 돌리를 창조한 것도 그와 비슷한 오만 행위라고 말하는 사람들이 있다. 포유동물 성체를 복제하는 비밀, 즉 체세포 하나로부터 본래 모습을 고스란히 재현할 수 있는 비밀은 드러나지 않은 채 남아 있었어야 한다는 것이다.

독일의 뛰어난 발생학자인 한스 슈페만(Hans Spemann)은 돌리가 탄생하기 약 60년 전에 로슬린 실험에서 쓰일 기본 얼개를 구상했다. 하지만 그는 분화한 세포에서 뽑아낸 세포핵을 텅 빈 난자에 이식하는 방법을 알지 못했다. 그는 자신의 생각이 '환상적'이라고 자평했으며, 실제로 당시에는 그러했다. 복제 인간을 만든다는 생각은 아예 그의 머릿속에 떠오르지도 않았다. 그의 목적은 오로지 발생학의 근본 비밀을 푸는 데 있었다. 하나의 수정란에서 어떻게 대단히 복잡한 인간이 발달할 수 있는가라는 수수께끼는 적어도 고대 그리스 시대부터 과학자와 철학자들에게 고민거리였다. 아리스토텔레스도 달걀을 갖고 직접 실험을 해보았다.

가능한 설명이 두 가지 있었다. 우리가 처음부터 완전한 인간 형태를 갖추고 있으며 발달은 단지 더 커지는 것에 불과할 수도 있었고, 아니면 우리가 단순한 형태에서 복잡한 형태로 발달하는 것일 수도 있었다. 세월이 흐르자, 과학자들은 나중 이론을 더 믿게 되었다. 하지만 수정란이나 접합자가 인간을 만들 완벽한 청사진을 담고 있다는 전제를 받아들이자 새로운 의문이 제기되었다. 이 전체를 담은 청사진은 세포가 필요한 기능을 수행하기 위해 각자 분화하고 전문화할 때 되살릴 수 없이 사라지는 것일까? 이를테면 뛰는 심장 세포, 수축하는 근육 세포, 인슐린을 만드는 췌장 세포로 분화하고 나면 말이다. 아니면 청사진 전체가 몸의 모든 세포에 그대로 남아 있을까? 불필요한 명령문은 휴면 상태나 불활성 상태로 있는 것이 아닐까?

돌리는 증거를 제공했다. 몸 전체 체제(body plan)가 억눌려 있긴 해도 분화한 세포에도 보존된다는 것이 복제를 통해 입증되었다. 이 환상적인 실험은 60년이 넘는 세월에 걸친 이야기라 할 수 있다. 꿈과 좌절, 약간의 성공, 수많은 실패로 가득하며, 심지어 두 번의 추문까지 있는, 한 편의 장편 소설로 써도 좋을 만한 이야기이다.

돌리가 탄생하기 12년 전, 발생생물학자라고도 불리는 발생학자들은 그 문제를 탐구하는 것 자체를 포기했다. 그들은 그 환상적인 실험을 포유동물을 대상으로는 해낼 수 없다고 판단했다. 복제 기술은 시련기를 맞았다. 그 연구는 학계 연구실이라는 다소 고상한 환경에서 쫓겨나 외양간으로 떠넘겨졌다. 어떤 의미에서 보면, 순수한 이론 세계를 떠나 현실 세계로 들어간 셈이었다. 그 뒤 슈페만의 꿈은 영국에서 양을 연구하고 있던 탁월하지만 아주 냉소적인 덴마크 수의사와 복제 우량소를 대량 생산하겠다는 목적을 품고 있던 미국에 있는 한 연구진을 통해 계승되었다. 이어서 로슬린 연구진이 그 연구에 뛰어들었다.

복제 과학은 발생에 관해 많은 것을 알려준다는 점에서도 중요하지만, 그보다 훨씬 더 많은 의미를 지닌다. 그것은 생명을 구하는 과학이 될 수 있다. 인간의 질병 치료용 단백질이 함유된 젖을 만드는, 유전자를 변형시켜 복제한 양, 소, 염소가 이미 나와 있다. 현재 이식에 필요한 인간의 장기는 수요에 비해 공급이 크게 달린다. 하지만 언젠가는 인체가 일으키는 면역 거부 반응이 나타나는 원인들을 유전공학으로 약화하거나 제거한 돼지의 장기를 써서 이식용 장기에 필요한 수요량을 맞출 수 있을지도 모른다. 즉 돼지의 장기를 쓰는 이른바 이종 장기 이식을 통해 말이다.

애완동물도 복제할 수 있지 않을까? 고양이는 이미 복제되었다. 하지만 노력을 많이 기울이고 있으나 과학자들은 아직 개를 복제하는 데에는 성공하지 못하고 있다.(2005년 세계 최초로 한국의 황우석 연구팀이 복제 개 '스너피'를 탄생시킴－옮긴이) 개 복제도 가능해진다면, 제2의 점박이도 원본 점박이와 똑같은 반점을 지니고 있을까? 아마 그렇지 않을 것이다. 적어도 반점이 난 부위는 다를 것이다.

인간이 복제될 수 없을 것이라고 생각할 이유는 전혀 없다. 그것이 도덕적으로 잘못된 행위일까? 대다수 사람들은 그렇다라고 대답하겠지만, 그 견해가 도덕적 성찰에서 나온 산물일까, 아니면 단지 비유와 오해로 물들은 직관적 반응일까? 번식 목적의 인간 복제를 금지하자는 주장을 뒷받침할 도덕적으로 올바른 논리가 있을까?

적어도 일시적인 금지 조치는 도덕적으로 반드시 필요하다. 현재의 동물 복제 기술은 효율이 대단히 낮으며, 종을 가릴 것 없이 클론 중에는 기형이 많다. 아주 끔찍한 기형도 있다. 그리고 태어나기 전이나 태어나자마자 죽는 클론도 많다. 물론 임신과 출산 과정을 거치고 살아남은 정상적으로 보이는 클론도 있다. 하지만 가축에게서는 잘 드러나지 않는 미미한 결함이 인간 클론에게서는 훨씬 더 뚜렷이 드러날 수도 있다. 태어난 지 오랜 시간이 흐른 뒤에야 나타나는 문제도 있다. 유전자 발현에 문제가 있어서 사춘기 때 활동을 시작해야 할 유전자들이 그대로 잠자고 있을 수도 있다. 또 복제와 조기 노화가 관련이 있을지를 놓고 지금까지 수많은 추측이 제기되어왔다. 돌리는 관절염이 있었지만, 원인은 확실하지 않다. 반면 노화한(아주 늙은) 세포로부터 복제한 소들은 정상적으로 태어난 송아지들과 마찬가지로 젊어 보인다.

복제된 동물에게 나타나는 기형은 무엇을 의미하는 것일까? 우리의 세포 하나하나에는 모든 유전자가 들어 있지만, 각 세포에서는 맡은 기능에 필요한 유전자만 발현되어야(켜져야) 한다. 아마 기형 복제 동물의 세포에 있는 유전자들은 배아 발생 단계와 출생 이후 단계에서 제대로 켜지거나 꺼지지 못한 듯하다. 난자의 세포질이 새로 삽입된 세포핵 프로그램을 재설정하는 과정이 불완전하게 이루어지거나 잘못되었을 수도 있다. 세포를 배양하는 기술 자체가 비정상적인 유전자 발현에 한몫을 할 수도 있다.

돌리의 복제는 옛 시대가 저물고 새로운 천 년을 눈앞에 둔 상황에서 인간 생물학 분야에 이루어진 놀라운 세 가지 발전 중 첫번째에 해당한다. 두번째 발전은 새천년이 막 시작되었을 때 인간 유전체 서열을 밝힌 것이다. 그것은 현재 우리가 유전자 환원론이라고도 부르는 유전자 결정론이라는 파도의 물마루에 서 있는 듯한 느낌을 준다. 유전자 결정론이란 우리를 형성하는 것이 무엇이냐를 놓고 오랫동안 벌인 천성-양육 논쟁에서 천성을 노골적으로 편드는 견해를 말한다. 현재 수줍음, 외향성, 모험심, 아마 가장 흥미로울 서커스 연기 성향 등을 비롯하여 인간 행동에서 나타나는 가장 복잡한 측면까지 설명해주는 유전자들이 발견되었다는 소식이 잇달아 나오고 있으며, 쉴새없이 새로운 발견이 이루어지고 있다!

각자의 주장이 구체적으로 어떠하든 간에, 우리가 단순한 유전자 결정론을 훨씬 초월한 방향으로 나아가는 긴 여행을 시작했다는 것은 분명하다. 유전자 활동을 이해하고, 유전자가 서로 영향을 미치는 복잡하게 뒤얽힌 망 속에서 자신들끼리 그리고 환경과 어떻게 상호 작용을 하는지 파악하는 여행 말이다.

유전자를 운명으로 보는 생각이 깊이 뿌리박혀 있기에, 사람들은 관련 기사를 읽을 때 유전적 정체성을 개인의 정체성과 동일시해왔다. 하지만 일란성 쌍둥이를 약간이라도 알고 나면, 원본과 똑같은 유전자를 지닌 클론이라고 해서 똑같은 사람은 아니라는 것을 알 수 있다. 우리는 유전자 총합을 훨씬 넘어선 존재이며, 내가 이 책에서 분명히 밝히고자 하는 것도 바로 그 점이다. 복제로 또 다른 자신을 계속 만들어 일종의 영생을 얻을 수 있다는 꿈은 말 그대로 꿈에 불과하다.

생물학에서 이루어진 세번째 큰 발전은 인간 배아 줄기(ES, embryonic stem) 세포의 발견이다. 케임브리지에 있는 마틴 에번스(Martin Evans) 연구진이 생쥐에게서 해낸 일이 거의 20년 만에 인간에게서 이루어졌다. 배아 줄기 세포는 분화한 체세포와 달리, 몸을 구성하는 모든 종류의 세포로 분화할 능력을 지닌다. 따라서 배아 줄기 세포는 우리 몸을 수선하는 도구가 될 가능성이 있다.

복제와 배아 줄기 세포는 치료용 복제, 즉 세포핵 치환 기술을 통해 서로 결합된다. 그 기술은 개념적으로는 단순하지만 실제 과학에서는 대단히 어려운 도전 과제이다. 먼저 핵을 제거한 난자와 성체 세포를 융합하여 인간 배아를 복제한다. 그런 다음 그 배아에서 줄기 세포를 유도한다. 이런 기술은 새로운 치료법을 낳을 수 있다. 배아 복제는 개인에게 맞는 세포와 조직을 만들어줄 수도 있다. 난자에 든 인자는 핵 이식을 통한 복제 때 이루어지는 재프로그래밍의 열쇠이므로, 인간 난자가 제공하는 공급량이 극도로 부족하다는 점이 연구와 치료 양쪽으로 걸림돌이 될 수도 있다. 그래서 난자에서 그 인자들을 분리해내고, 낙태한 태아로부터 난자를 채취하고, 그런 난자를 이용하여 배아 줄기 세포를 유도해내는 대안이 연구되고 있다. 적어도 연구 단계에서는 토끼나 소 같은 동물들의 난자도 대안이 될 수 있다.

하지만 인공 수정에 성공하고 남은 배아들, 즉 자궁에 착상되지 않을 배아를 이용하여 치료용 복제나 나아가 배아 줄기 세포 연구를 하도록 허용하는 법과 정책은 그런 연구가 본질적으로 부도덕한 짓이라고 여기는 사람들의 격렬한 반대에 부딪혀왔다. 특히 복제 아기를 탄생시켰다는 클로네이드의 주장을 접하고 두려움과 극도의 혐오감에 휩싸인 미국에서는 치료용 복제의 미래가 더욱 불확실하다.

복제와 줄기 세포 연구는 둘 다 1970년대에 등장하여 1978년 세계 최초의 시험관 아기인 루이스 브라운의 탄생으로 절정에 달했던 인공 수정(IVF, in vitro fertilization) 기술의 발전 덕분에 가능했다. 인공 수정은 많은 사람들의 삶에 큰 행복을 안겨다주었지만, 도덕적으로 문제가 될 수 있는 새로운 개념을 낳기도 했다. 바로 모체 바깥에서 발생하는 초기 배아라는 개념이다. 사람들은 초기 배아의 도덕적 지위를 놓고 저마다 다른 생각을 내놓았고, 격렬한 논쟁이 일어났다. 그런 논란은 가까운 시일 내에 해결될 것 같지 않다. 아니 영원히 해결되지 않을지도 모른다. 영국에서는 치료용 복제가 명확하고 엄격한 법규 적용을 받기 시작하고 있다. 다른 나라의 정책 결정자들은 아직 그 문제에 큰 관심을 보이고 있지 않지만, 과학이 발전하고 의학적 혜택이 명확하게 드러나면, 태도와 정책에 필연적으로 변화가 올 것이고, 윤리 논쟁은 계속될 것이 확실하다.

복제와 인공 수정 둘 다 복제양 돌리가 세상을 깜짝 놀라게 하기 전부터, 25년 넘게 대중한테 관심과 도덕적 경악의 대상이 되어왔다. 문학 작품들을 샅샅이 훑어보면 관련된 소설 두 편이 나온다. 둘 다 번식과 유전학에 인간이 개입할 때면 으레 언급되곤 한다. 바로 《프랑켄슈타인*Frankenstein*》과 《멋진 신세계》이다. 그리고 이 문학 작품들은 많은 영화와 책에 영감을 주었고, 그 영화와 책 역시 복제 인간을 생각할 때 우리가 흔히 떠올리는 영상과 비유에 나름대로 상당한 기여를 해왔다.

지금도 많은 사람들은 복제와 기타 보조 생식 기술을 통해 생명체를 창조하는 행위가 신의 역할을 빼앗고 신을 조롱하는 것이고, 우리 인간성이 지닌 본질을 평가 절하하고 훼손하는 것이며, 전체주의자에게 기회를 제공하는 것이라고 본다. 그런 견해를 지닌 사람들은 생물학 미래는 황량하고, 심지어 끔찍하다고 보며, 손에 잡힐 정도의 윤리적 불안감을 갖고 있다.

과학 소설은 복제와 관련된 과학적 사실을 대할 때 선입견을 갖게끔 했다. 이런 소설과 과학적 사실이 이끌어낸 불안감이 다음 장에서 이야기할 주제이다.

►프랑켄슈타인 박사와 그가 만든 괴물

1

책임 없는 권력? 연구실에서 생명 창조하기

그리고 하느님은 자신의 모습대로 사람을 창조했다.

창세기 1:27

나는 발치에 누워 있는 생명 없는 존재에게 생명을 불어넣을 만한 생명 도구들을 모았다. …… 초가 거의 다 타서 반쯤 꺼져갈 때 어렴풋한 불빛 아래에서 나는 그 창조물이 노란 눈을 뜨는 것을 보았다. 그것은 힘겹게 숨을 내쉬었고, 팔다리를 부르르 떨기 시작했다.

메리 셸리, 《프랑켄슈타인》

난자 하나에서 배아 하나를 거쳐 성인 한 명이 나오는 것이 정상이다. 하지만 보카노프스키 난자는 싹을 틔우고 증식하고 분열한다. 8개에서 96개 싹이 나오고, 각 싹은 완전한 형태의 배아로 자라고, 모든 배아는 완벽한 크기의 성인으로 자란다. 전에는 한 명만 자라났지만, 96명이 자란다. 이것이 바로 진보다. …… 우리는 똑같이 표준화한 남녀들을 만들 수 있다. …… 96대의 똑같은 기계처럼 일하는 96명의 일란성 쌍둥이를…… 대량 생산 원리가 마침내 생물학에 적용되었다.

올더스 헉슬리, 《멋진 신세계》

인공 수정에서도 그랬듯이, 인간 생성에 손을 댄다는 것은 인간 자신을 인간이 만든 또 하나의 산물로 만드는 방향으로 큰 걸음을 내딛는 것이다.

레온 카스, 〈아기 만들기〉

알든 모르든 간에 복제를 허용하는 사회는 출산을 제조로 전환시키고, 아이를 오로지 우리 의지의 투사물로 취급한다는 데에 암묵적으로 동의한다. 싫든 좋든 간에 미래 세대를 우생학적으로 재설계하도록 묵인한다. 《멋진 신세계》로 향하는 인본주의적 초고속도로가 이 사회 앞에 활짝 펼쳐져 있다.

레온 카스, 〈우리는 왜 당장 인간 복제를 금지해야 하는가〉

허구적인 생물들

메리 셸리(Mary W. Shelley)가 쓴 소설 제목이자 주인공 이름이기도 한 프랑켄슈타인은 그 소설을 읽었든 안 읽었든 상관없이 서양 사람들이라면 대부분 알고 있을 것이다. 수십 년 동안 무수히 영화로 만들어지기도 했기 때문에, 빅터 프랑켄슈타인과 그가 시체들의 신체 부위를 꿰매어 만든 괴물은 우리가 상상하는 핵심에 놓인 상징 중 하나가 되어왔다.

지나친 자만이 빚어낸 비극적인 결과를 다룬 신화와 전설은 고대 그리스 때부터 있었다. 셸리는 자기 책에 '현대의 프로메테우스'라는 부제를 붙여, 그 유산에 경의를 표한다. 신들로부터 불을 훔친 죄로 끔찍한 형벌에 처해진 불행한 그의 이야기를 암시하듯이 말이다. 물론 불은 문명의 기본 요소 중 하나이므로, 적어도 프로메테우스가 사소한 범죄로 처벌받은 것은 아니었다. 그리고 프랑켄슈타인도 마찬가지였다.

셸리의 소설은 한 가지 중요한 측면, 즉 오만에서 비롯된 비참한 결과를 다룬 예전의 모든 이야기들과 달랐다. 초자연적인 요소에 기대지 않았다는 점이 그렇다. 거기에는 신을 속이는 책략도 메피스토펠레스와 계약한 일도 없었다.

빅터 프랑켄슈타인은 과학을, 오직 과학만을 사용하여 생명을 창조했다. 성교도 여성도 무엇보다 신도 없는 상태에서 말이다. 그에게는 과학적 탐구심이 전부였다. 그러기 위해 그는 다른 사람들과 관계를 끊고 홀로 혐오스러운 납골당과 해부실을 돌아다니면서 시체들에서 신체 부위를 모았다.

대중의 상상 속에서 그의 이름은 아무런 도움도 안 된 채 숨어사는 미친 과학자의 상징이 되었다. 그는 우리가 생물학에 대해 지닌 모든 두려움을 한 몸에 구현하고 상기시키는 존재이다. 용납되지 않는 동기를 지니고, 부도덕한 실험을 하고, 밝혀내지 않고 그대로 놔두는 것이 최선인 비밀을 폭로하는 과학자들에 대한 두려움, 우리에게서 자율성과 존엄성을 앗아가고 우리를 인간 이하의 존재로 만들 과학이 가진 힘에 대한 두려움 말이다.

프랑켄슈타인은 자신이 만든 창조물에 생명을 불어넣자마자, 자신의 과학 탐구가 빚은 결과를 보고 후회와 공포와 혐오에 사로잡혔다. 그는 자신이 만든 창조물에 책임을 지지 않았고, 그것과 기타 여러 이유 때문에 그는 진정으로 냉정한 인물로 비쳐졌다. 사실 그 괴물은 우리의 연민을 이끌어낸다. 그가 악해진 것은 오로지 추한 모습을 보고 움찔하는 인간들에게 내쫓겼기 때문이다. 그가 하는 복수는 숨겨진 지식이라는 악의 신체적 구현 형태이자 인과응보이다. 그는 빅터와 빅터가 사랑하는 모든 사람들을 파멸로 이끈다.

프랑켄슈타인이 만들어낸 이름 없는 괴물은 힘과 감정, 원초적인 충동을 지니고 있다는 점에서 18세기 합리주의와 그것이 품고 있던 과학이 인류를 발전시키고 궁극적으로 완성시킬 수 있다는 희망에 대한 낭만주의적인 반대 운동을 구현한 것이다. 빅터가 연구실에서 하는 활동은 그와 정반대 방향을, 즉 파괴, 추함, 절망을 향해 치닫는다. 즉 과학에 지나친 희망을 품고 있는 태도에 대한 냉소주의와 회의가 배어 있다. 현대 생물학에 대한 두려움은 생물학이 지닌 힘뿐 아니라, 전망과 초점에서도 비롯된다.

생물학의 초점은 내부를 향해 있다. 즉 우리 자신에 관한 모든 것에 초점을 맞추고 있다. 과학적 탐구심은 모든 것을 너무 많이 밝혀내고, 너무 많이 설명해서 생명이 지닌 신비를 박탈한다고 비난을 받아왔다. 생명의 유전적 문서가 읽히고 있는 상황이므로, 불안감은 아주 크다. 우리가 침팬지, 생쥐, 심지어 효모와도 그렇게 많은 유전자를 공유하고 있다는데, 과연 전과 마찬가지로 계속 우리 자신이 특별한 존재라고 자신할 수 있을까? 우리가 누구인지를 알려줄 것이 마음에 있지 않다면, 그것은 어디에 있는 것일까? 뇌의 활동 양상을 더 잘 알게 되면, 소중히 여겨왔던 낭만주의적 설명이 훼손될까?

우리는 분명히 과학 지식의 열매를 원한다. 즉 현재 치료할 수 없는 끔찍한 질병의 치료법 말이다. 하지만 자신이 지닌 유전적 운명을 굳이 알려고 애쓰지 않는 사람들도 많다. 우리는 과학의 가공할 힘이 나쁜 자의 수중에 들어가는 것을 원하지 않는다. 시험관 아기, 복제 아기, 맞춤 아기라는 개념은 모두 번식을 통제하는 우리 자신의 모습을 떠올리게 한다. 생명이라는 제비뽑기와 심지어 유전적 제비뽑기까지도 무시할 수 있는 존재를 말이다. 그리고 그 통제는 아무리 좋다고 해도 저주가 따르는 축복이다.

약 200년 전 메리 셸리가 《프랑켄슈타인》을 썼을 무렵에는 생명이 어떻게 생성되는지 밝혀지지 않은 상태였다. 그래서 그녀는 프랑켄슈타인이 기계적인 방식으로 괴물을 만든다고 설정했다. 조립을 통해서 말이다. 인위적인 구성 성분으로 인간이나 유사 인간의 몸을 만들 수 있다는 개념은 18세기 철학에 뿌리를 두고 있었다. 라 메트리(Julien Offroy de La Mettrie, 계몽시대의 대표적 유물론자 – 옮긴이)가 인간을 기계라고 말한 것도 그 무렵이었다. 하지만 문학 쪽으로 보면, 수백 년 아니 수천 년 전부터 자동 인형(automata)에 관한 신화와 전설이 전해지고 있었다. 자동 인형은 보는 사람이 진짜 사람이라고 믿게 만드는 인간을 닮은 것을 말한다. 오펜바흐가 작곡한 오페라 「호프만 이야기*Les Contes d'Hoffmann*」에 나오는 자동 인형이 가장 유명한 사례에 속한다(이 오페라는 독일 작가 E. T. A. 호프만이 쓴 작품을 토대로 했다). 올림피아는 실물 크기로 만든 인형이지만, 너무나 아름답고 진짜 인간처럼 보였다. 호프만은 그 인형에게 푹 빠지고 말았다. "나는 그녀를 사랑해." 그는 사랑 때문에 망상에 빠진 상태에서 그렇게 외친다.

동화를 비롯한 어린이 책에는 인공 제작된 착한 생물들이 많이 등장한다. 진짜 소년이 되고 싶은 장난감 피노키오, 진짜 토끼가 되고 싶은 벨벳 토끼가 그렇다. 영화 「A. I.」에서는 죽은 아이를 대신하도록 만든 특수 로봇이 사랑을 얻기 위해 말 그대로 땅 끝까지 나아갔다가 결국 진정한 사랑을 얻는다.

반면에 성인 소설이나 영화에 등장하는 인공 생명체 중에는 동화에 나오는 착하고 희망이 넘치는 얼굴 모습은 거의 없다. 자동 인형은 현대 문학과 영화에 등장하는 안드로이드, 사이보그, 로봇의 조상이다. 자동 인형을 만드는 방식은 다양하다. 신이 만들 수도 있고(델피 신탁), 인간이 마법을 부려 만들 수도 있고(골렘), 과학을 이용해 만들 수도 있다(프랑켄슈타인이 만든 괴물). 한 예로 중세 유대 문헌과 구전에 등장하는 골렘은 사람이 직접 만들어 마법으로 생명을 불어넣은 존재로서 모습이나 행동이 인간과 똑같다. 골렘은 유대 마을에서 수호자 역할을 하지만, 통제를 할 수 없는 위험한 존재가 될 수도 있다.

사람이나 사람처럼 생긴 생물을 만든다는 개념은 1932년에 출간된 올더스 헉슬리가 쓴 《멋진 신세계》를 통해 대량 생산이라는 세계와 접목되었다. 대량 생산이 이루어지는 곳은 AF 632이다. 여기서 'F'는 조립 라인을 이용하여 자동차 T 모델을 최초로 대량 생산한 헨리 포드를 가리킨다. 이 작품에서 신은 죽었거나 적어도 무관한 존재이다. '공동체, 동일성, 안정성'이라는 구호 아래 사회 하등 계급의 자유, 개성, 고유성은 체외 발생(자궁 밖에서 하는 임신)과 환경 조건 형성(화학 물질, 산소량 조절 등)이라는 두 방법을 통해 박탈된다. 그 두 방법이 결합하는 것을 보카노프스키 과정이라고 하는데, 배아를 분리해서 복제한다. 그것은 자연적으로 쌍둥이가 생기는 수준을 훨씬 넘어서서 96명의 똑같은 아기들을 만들 수 있는 환상적인 과정이다. 환경 조건 형성은 사회가 부과한 운명을 그대로 따르는 사람들을 만드는 것을 목표로 삼고 있다. 즉 의심도 불평도 없이 운명을 받아들이게 끔 한다. 사회 운명 예정실에서 잠재력을 제한당해 '미래의 하수도 청소원'으로 정해지는 아기들도 있다.

최근에 만든 영화나 문학에 등장하는 복제 인간으로 된 군대나 집단은 연원을 추적하면 잠재력을 줄여서 이름도 표정도 없는 인간을 대량 생산한다는 헉슬리의 악몽에 가 닿는다. 그들은 국가 목적을 위해서 생산되는 존재이다.

대부분 사람들은 《멋진 신세계》의 내용이 오로지 헉슬리 머릿속에서 구현된 창작물이라고 생각하지만, 실제로는 그렇지 않다. 그 생각은 1920년대에 널리 퍼져 있었으며, J. B. S. 홀데인, 버트란드 러셀, 버켄헤드 경, 헉슬리 형제인 줄리언 헉슬리 같은 작가들은 모두 나름대로 그 주제와 우려를 담은 작품들을 썼고, 그것이 결국 《멋진 신세계》까지 이어졌다. 이중 나선이 발견되기 전인 이 시대에는 선택적 교배나 부적격자의 선택적 불임 유도를 통해서만 우생학 목표를 달성할 수 있었다. 그런 우생학적 착상을 끔찍한 형태로 실현시킨 것이 바로 나치 독일이었다.

홀데인은 생물학이 지닌 우리 삶을 변화시키는 힘을 낙관적으로 보는 쪽이었다. 러셀은 훨씬 더 비관적이었다. 그는 과학이 다수를 희생시켜 소수의 힘을 강화시키는 쪽으로 오용될 수 있다고 우려했다. 홀데인과 버켄헤드 경은 번식과 성애를 분리하는 것이 미래 인간 생식에서 한 특징이 될 것이라고 예측했다. 그리고 인공 수정이 점점 널리 이용되면서, 그들이 어느 정도는 옳았다는 것이 분명해졌다. 체외 발생은 아직 불가능하다. 하지만 언제까지 그럴 수 있을까?

복제 기술 시대의 ART 연구

복제 기술 시대라는 말은 약 40년 전인 1970년대 초에 철학자 발터 벤야민이 쓴 선구적인 미학 논문의 제목에 적힌 문구이다. 문구를 빌려준 그에게 경의를 표하기로 하자.

복제 기술 시대에 보조 생식 기술(ART, assisted reproductive tech-nologies) 연구는 상당한 우려를 불러일으켰다. 하지만 복제양 돌리의 탄생과 달리, 최초의 시험관 아기인 루이스 브라운의 탄생은 그다지 경악할 만한 소식이라고 할 수 없었다. 그 분야를 주도하고 있던 과학자 로버트 에드워즈(Robert Edwards)와 패트릭 스텝토(Patrick Steptoe)가 이미 10년 전부터 꾸준히 연구 진척 상황을 발표해왔기 때문이다.

대중들이 입을 쫙 벌리고 지켜보는 가운데, 그들은 먼저 동물을 그 다음에는 사람을 체외, 흔히 이른바 시험관이라고 말하는 곳에서(사실은 배양 접시에서이지만) 수정하는 데 성공했다.

소설 같은 꿈이 현실이 되었다. 생명을 실험실에서 만들 수 있게 된 것이다. 인간의 삶에서 가장 내밀하고 의미있는 사건들 중 하나가 내밀함을 침탈당하고, 복잡한 의미를, 특히 윤리적으로 복잡한 의미를 지니게 되었다. 접시에서 자라는 이 배아는 무엇일까? 사람일까? 윤리적으로 그것을 어떻게 대해야 할까?

단지 《멋진 신세계》에서 언급된 것만으로도 사람들 머릿속에는 이미 성애와 번식이 분리될 것이라는 불안감이 뚜렷이 새겨져 있는 상태였다. 그런데 이제 곧 난자와 정자 없이 번식(더 정확히 말하면 복제)이 이루어질 것이라는 불안감까지 가세했다. 루이스 브라운이 태어나기 7년 전, DNA 구조를 공동으로 발견한 제임스 왓슨(James Watson)은 미국 잡지 《애틀랜틱 먼슬리*Atlantic Monthly*》에 '복제 인간을 향하여: 이것이 우리가 원하는 것일까?'라는 글을 발표했다. 왓슨은 스텝토와 에드워즈의 연구로 인간 복제가 임박했으며, 그것은 아주 나쁜 짓이라고 말했다.

이 기사는 복제에 대한 불안감이라는 파도를 불러일으키는 역할을 했다. 그 당시 대중이 보였던 태도와 20여 년 뒤 복제양 돌리의 탄생을 맞이한 사람들 태도 사이에는 유사성이 뚜렷하다.

생명윤리학이라는 당시 막 싹트는 분야에 속해 있던 철학자, 신학자, 의사, 법률가 같은 사람들은 복제 문제를 자신들이 풀어야 할 연구 주제로 삼았다. 현재 생명윤리학에서 두뇌 집단에 해당하는 해스팅스 센터의 공동 설립자인 윌 게일린(Will Gaylin) 박사는 《뉴욕타임스*New York Times*》 선데이 매거진에 복제를 프랑켄슈타인과 노골적으로 연관지은 글을 기고했다. '프랑켄슈타인 신화가 현실이 되고 있다'는 제목이었다. 그 이후로 온갖 난해한 주장을 펼치는 학술 논문이 한바탕 쏟아져 나왔다. 대중은 경계심을 갖게 되었다. 그러자 과학자들이 앞으로 나섰고, 왓슨은 한 발 물러섰다. 과학자들은 복제가 임박했다는 주장은 결코 사실이 아니라고 대중을 설득했다. 이윽고 생명윤리학도 1970년대에 더 언론의 이목을 끌고 있던 다른 주제 쪽으로 방향을 틀었다. 그 주제는 생명의 시작이 아니라 끝에 초점을 맞추고 있었다. 막 싹트기 시작한 장기 이식 기술과 죽을 권리가 그런 주제였다.

보조 생식 기술도 여전히 도덕적 우려를 일으켰지만, 초점이 약간 옮겨졌다. 최초의 시험관 아기가 탄생하자, 이제 더 이상 인공 수정 기술 자체를 놓고 당혹스러워만 할 수 없었다. 귀여운 아기 사진은 겁을 주는 기사 제목과 어울리지 않았다. 그래서 도덕적 우려와 대중이 품은 경계 어린 호기심은 체외 수정의 성공으로 빚어질 온갖 가능성들 쪽으로 초점이 옮겨졌다. 유전적 부모와 임신한 부모가 다를 가능성 같은 것들로 말이다.

현재 부시 대통령 직속 기구인 생명윤리 자문위원회 의장 레온 카스(Leon Kass)는 예전에 인공 수정에 반대하는 글을 몇 편 쓴 바 있다. 그는 그 기술이 멋진 신세계로 뻗어 있는 미끄러운 비탈로 첫 발을 내딛는 것이라고 믿었다. 그 세계에서는 아이들이 상품으로 제조될 것이라고 했다. 카스는 그 뒤에 인공 수정의 윤리 문제에서는 자신의 견해를 바꾸었지만, 치료용이나 번식용 인간 복제가 도덕적으로 위험하다는 주장을 펼칠 때에는 여전히 멋진 신세계라는 비유를 마음껏 끌어다 쓰고 있다.

보조 생식의 세계가 정말로 헉슬리가 내다본 악몽 같은 세계와 비슷할까? 《멋진 신세계》의 핵심은 국가 이익을 위해 번식을 기계화하는 데 있었다. 그곳은 생명공학과 환경 조건 형성이 결합되어 전체주의적 목적에 봉사하는 세계이다. 아기들은 인공 자궁에서 자란 뒤에 '옮겨진다.' 부모도 없고 사랑도 없다. 인간성, 창조성, 자유는 제거된다. 개인의 정체성은 효율성과 공동체 단합을 위해 무자비하게 흔적도 없이 말살된다. 그리고 가장 섬뜩한 것은 미리 역할을 정해놓고 그에 맞는 사람들을 제조한다는 점이다. 자유도 자율성도 스스로 인생을 설계할 기회도 없다.

보조 생식 분야에서 혁신적인 최신 연구 성과가 언론에 발표될 때면, 우리가 섬뜩한 방향으로 나아가고 있는지도 모른다는 것을 암시하고자 으레 '멋진 신세계'라는 약식 표현이 쓰이곤 한다. 하지만 현대의 불임 치료 기술이 헉슬리 책에 묘사된 공장 시설과 전혀 다르다는 것은 분명하다. 자연적으로 잉태를 할 수 없는 사람들이 사랑하고 돌볼 아이를 임신하기 위해 보조 수단을 찾는다. 성행위와 번식이 분리되었다고 할지라도, 현재 일어나고 있는 일은 본질적으로 지금까지 늘 이루어져 왔던 것과 다를 바 없다. 즉 부모가 아이를 낳는 것일 뿐이다.

하지만 복제와 연관되면, '멋진 신세계'는 기사 제목으로 쓰이는 약식 표현을 훨씬 더 초월한 역할을 한다. 그 책에서 내다본 무력하고 생각도 없고 대량 생산되는 복제 좀

비들이라는 악몽은 현대인이 클론과 복제 기술을 보는 관점과 딱 들어맞는다. 유전자 결정론이 점점 우세를 점해 가는 듯한 시대인지라, 누군가가 고른 유전체를 지닌 클론은 《멋진 신세계》에 나오는 운명 예정실에서 나온 산물들처럼 어딘가 모자라고, 속박되어 있고, 인간성을 상실한 듯이 여겨질지 모른다. 사실 내가 이 책에서 명확히 밝히고 싶은 것은 복제 인간이 그런 산물들과는 전혀 무관하다는 점이다.

영화 속에 나오는 복제 인간

1970년대 초 복제 문제로 한바탕 소동이 일어나자, 곧 그것을 다룬 문학과 영화 작품이 쏟아졌다. 1972년 아이라 레빈(Ira Levin)이 쓴 《스텝포드의 부인들 *The Stepford Wives*》과 다음 해 우디 앨런이 만든 영화 「슬리퍼 *Sleeper*」(유일하게 남은 부위인 코에서 독재자를 복제하려는 시도를 유쾌한 시각으로 그린 작품)를 시작으로 복제 인간을 다룬 다양한 소설과 영화 작품이 나왔다.

1976년 《프랑켄슈타인》과 《멋진 신세계》에 버금갈 정도로 복제에 관한 우리의 집단 의식에 중요한 기여를 한 소설이 출간되었다. 아이라 레빈이 쓴 《브라질에서 온 소년들

►코 인간

The Boys from Brazil》이다. 책도 많이 팔렸지만, 이 책이 상징적 지위를 얻은 것은 2년 뒤에 그 책을 각색해 만든 영화(「잔혹한 음모」라는 제목으로 미국에서 만들었다—옮긴이) 때문이었다. 영화는 줄거리에다가 약 30년 전에 종식된 나치 시대에서 튀어나온 듯한 인물들을 등장시켜 공포를 천 배쯤 더 키웠다. 주인공은 아우슈비츠 수용소에서 이른바 '죽음의 천사'라고 불렸던 요제프 멩겔레이다. 실제로 멩겔레는 쌍둥이에 흥미를 느껴서 천성과 양육의 상대적 기여도가 어느 정도인지 알아내겠다고 쌍둥이들을 대상으로 온갖 기이하고 잔인한 실험을 했다. 소설 속에서 멩겔레는 비슷한 연구를 계속하여 94명의 히틀러를 복제한다.

이 영화 이야기는 나중에 다시 하기로 하자. 여기서는 당시나 지금이나 불임 치료 수단의 복제 기술 자체보다 그에 관한 사회 정치적 용도가 사람들을 훨씬 더 불안하게 한다는 것만 언급하고 넘어가기로 하자.

우리 마음속에 두려움을 불러일으키는 것은 복제된 아이가 아니다. 그것은 인간이 타인의 목적을 위해 봉사하도록, 타인의 명령을 그대로 따르도록, 줄에 매달린 꼭두각시 인형처럼 통제되도록 설계될 수 있다는 생각이다. 아니 아마 더 심하게 두려움을 불러일으키는 것은 아돌프 히틀러나 그보다 앞선 프랑켄슈타인이 만든 괴물처럼 복수와 파괴를 일삼는 통제할 수 없는 유사 인간 생명체가 창조될 수도 있다는 생각이다. 생명공학과 과학이 빚어낸 산물은 통제할 수 없을지도 모른다는 현대의 두려움이 '프랑켄과학'이라는 말로 요약되는 것도 우연은 아니다.

1978년 인간이라고 할 수 없는 복제 인간 이야기를 담은 영화 두 편이 나왔다. 하나는 1950년대 고전적 공포물인 「신체 강탈자의 침입*Invasion of the Body Snatchers*」을 다시 찍은 영화이고, 또 하나는 《스텝포드의 부인들》을 각색한 영화였다. 이 영화들은 나중에 정체성 이야기를 할 때 다시 다루기로 하자. 4년 뒤 리들리 스콧이 만든 영화 「블레이드 러너*Blade Runner*」가 나왔다. 불편하면서도 시선을 사로잡는 그 영화는 외계 식민지에서 탈출한 복제 인간인 이른바 레플리컨트를 묘사하고 있다. 그들은 '인간보다 더 인간적'이도록 창조된, 조립되었지만 유기체인 자동 인형들이다. 그들에게는 기억과 가짜 인생이 이식된다. 일부는 자신이 레플리컨트인지 진짜 인간인지조차 모른다. 인간들은 그들이 위험을 끼치지 못하도록 유전자를 손상시켜 그들의 수명을 4년으로 제한해놓았다. 프랑켄슈타인이 만든 괴물처럼, 「블레이드 러너」의 레플리컨트들도 인간적인 감정을 갖게 되자 폭력에 의지하게 된다. 그들은 자신들의 운명을 결정한 비도덕적이고 무책임한 창조자들을 응징하려 한다. 레플리컨트들은 더 오래 살기를 원한다. 그들은 자신들을 설계한 자를 찾아 죽음의 언도를 철회할 것을 요구하기 위해 지구로 온다. 영화는 모호함으로 가득하다. 심지어 내레이터의 정체까지도 그렇다. 그 역시 레플리컨트일까? 아마 그럴 것이다.

1970년대 복제 이야기 중 가장 기이한 것은 데이비드 로빅(David Rorvik)이 쓴 이른바 '논픽션' 작품인 《자기 모습 그대로: 복제 인간*In His Image: The Cloning of a Man*》이라고 할 수 있다. 보조 생식에 관한 기사를 많이 썼던 언론인 로빅은 그 책에서 인간 복제 실험이 이미 이루어졌다고 썼다. 그는 단지 내레이터 역할만 한 것이 아니라, 스스로를 복제하려는 자식이 없는 부자인 맥스와 기꺼이 복제 실험에 참여하고자 하는 광기 어린 과학자인 다윈을 이어준 중개인 역할도 했다. 그는 책 내용이 사실이라고 했지만, 곧 못 믿겠다는 반응이 줄을 이었다. 특히 과학계 반응이 그랬다. 가장 분개한 사람은 데릭 브롬홀(Deryck Bromhall)이라는 과학자였다. 그는 사람들이 자신을 다윈의 실제 인물이라고 오인할까 걱정한 나머지, 로빅의 책 끝에 상당한 분량에 걸쳐 있는 주석에 자신이 연구한 토끼 복제 연구를 인용하지 말라고 촉구했다. 결국 브롬홀은 소송을 걸었고, 출판사는 승복을 했다. 흥미로운 점은 브롬홀이 그 해에 다른 작품에 관여했다는 사실이다. 그는 《브라질에서 온 소년들》이 영화로 각색될 때 과학자문위원으로 참여했다. 그가 어떤 기여를 했는지는 명확하다. 책에는 이론적 방식인 핵 이식을 통한 복제(단일핵 생식)가 다루어졌지만, 영화는 우리를 실험실로 데려가서 실제로 복제가 이루어지는 과정을 보여준다. 토끼를 대상으로 말이다. 로빅은 계속 그 내용이 사실이라고 주장했지만, 《자기 모습 그대로: 복제 인간》은 허구라는 견해가 당시나 지금이나 주류를 이루고 있다.

허구적이든 아니든 다윈이라는 인물은 책임감 없이 권력을 휘두르는 빅터 프랑켄슈타인을 그대로 찍어낸 듯하다. 《멋진 신세계》는 본래 전체주의를 경계하라는 내용이다. 즉 자유를 위협하는 것은 과학 자체가 아니라 이데올로기와 정치적 목적을 위해 과학을 오용하는 행위라고 말하고 있다. 반면에 《프랑켄슈타인》과 계보를 같이하는 작품들은 과학자와 과학 자체에 공격의 화살을 돌린다. 그리고 하나의 상징이 된 메리 셸리의 작품 속 주인공이 꾼 꿈이 시체들의 신체 부위를 모아 인간을 창조하는 것이었으므로, 돌리를 복제한 과학자들이 인간 복제를 하기 위해 실력을 갈고 닦고 있다는 믿음이 널리 퍼진 것은 당연하다. 그러나 그런 믿음은 대단히 잘못되었다. 그 이야기는 다음 장에서 다루기로 하자.

►복제양 돌리

2

운명의 역전: 복제 과학

실험은 많은 사람들이 상상하는 것과 달리 매혹적인 작업도 아니고, 위험할 정도로 통제되지 않은 작업과도 거리가 멀다. 그것은 귀찮고 시간을 많이 잡아먹는 활동들로 가득하다. 노력에 비해 결과는 놀랄 정도로 빈약하다. 고작 몇 분이면 다 말할 수 있는 결과를 얻기 위해 대개 수백 아니 수천 시간을 일해야 한다.

루이스 울퍼트

예전에 나는 암 연구 자선 단체인 마리 퀴리 재단에서 일한 적이 있다. 그때 나는 분화한 세포들을 핵 이식용 세포핵으로 쓸 수 있다고 믿게 되었다. 특정한 종양에서 하나의 세포 유형에서 유래했을 가능성이 높은 다양한 형태로 분화한 세포들이 발견되곤 했기 때문이다. 내가 볼 때 그것은 분화한 세포들이 지닌 운명이 고정되지 않았다는 것을 의미했다.

키스 캠벨

내 생각에 대다수 사람들은 처음에 받은 충격에서 일단 벗어나면, 지금까지 포유동물 복제 실험을 통해 얻은 지식들이 긍정적인 방식으로 우리가 쌓아놓은 지적 세계에 기여하리라고 본다. 어떤 새로운 충격이 우리를 기다리고 있다고 해도 말이다.

스틴 윌러드슨

돌리와 나

돌리라는 이름의 양이 과거에 살았던 양으로부터 복제되었다는 발표가 있자, 전 세계 사람들이 경악했다. 과학자들 중에서도 깜짝 놀란 사람이 많았다. 그 돌파구가 지닌 의미 때문에도 놀랐고, 거의 알려지지 않은 연구 시설에서 이루어졌다는 점 때문에도 놀랐다. 내게는 놀라야 할 이유가 또 있었다. 돌리가 태어난 지 한 달 뒤, 즉 돌리라는 존재가 세상에 공개되기 약 7개월 전에, 나는 돌리를 복제한 연구진을 이끌고 있던 이언 윌머트(Ian Wilmut) 박사를 만나려고 로슬린 연구소를 방문한 적이 있었기 때문이다. 그날 있었던 일들을 돌이켜보니, 그리고 돌리가 공개된 뒤 곰곰이 생각해보니, 부드러운 말씨에 좀 과묵한 한 과학자가 내 호텔방을 예약하는 것을 잊었다고 깊이 사과하던 일이 떠오른다. 이언은 그저 무언가에 좀 정신이 팔려 있어서 그랬다는 말만 했는데, 돌이켜보면 그 말을 한 귀로 흘려듣는 실수를 저지른 셈이었다. 그는 정확히 무엇 때문이라고는 말하지 않았다.

내가 그를 찾은 이유는 그 연구소에서 돌리보다 1년 전에 복제된 메건과 모랙이라는 양에 관해 이야기를 나누기 위해서였다. 이 성과는 영국 언론에서는 호들갑스럽게 대서특필되었지만, 미국 언론에서는 거의 무시되었다. 메건과 모랙은 성체 세포에서 복제된 돌리와 달리, 배양될 때 분화를 시작한 배아 세포에서 복제되었다. 로슬린 연구소는 그 기술을 개발하는 것을 주요 목표로 삼고 있었다. 로슬린 과학자들은 유전자 표적화라고 이름 붙인 정교한 기술을 통해 유전자 변형 동물을 만들어내는 연구를 하고 있었다. 1996년 8월에 있었던 우리 대화의 주제는 메건과 모랙 실험이 이종 장기 이식에 어떤 의미가 있느냐 하는 것이었다. 즉 동물의 장기(특히 돼지의 장기)를 인간에게 이식하는 것 말이다. 이 주제는 3장에서 상세히 다루고자 한다.

내게 복제가 무엇인지 제대로 가르쳐준 사람이 바로 이언이었다. 그는 그림을 그려가면서 복제 과정을 설명했다. 그가 비밀을 숨기고 있었다는 점을 고려하자. 사실 내가 떠나기 직전에 그가 한 말 외에는, 대화 내용 중에 그다지 기억에 남는 것은 없었다. 그는 아주 나직하고 진지한 목소리로 이렇게 말했다.

"이곳에서 우리가 하는 연구가 생명공학에 혁명을 일으킬 겁니다."

연구소도 외진 곳이었고, 겸손하게 말하던 사람이 뜬금없이 그런 엄청난 주장을 한지라, 좀 미심쩍은 느낌이 들었던 기억이 난다.

1997년 2월, 영국에서 발행하는 일요 신문 《옵저버 *Observer*》가 사전 보도 금지 약속을 깨고 로슬린 연구진이 《네이처 *Nature*》에 논문을 발표할 예정이라는 기사를 썼다. 이어서 전 세계가 복제양 돌리가 탄생했다는 소식을 들었다. 그제야 나는 그날 이언이 마지막으로 한 말이 정말이었구나 하는 것을 실감했다.

분화한 세포 또는 성체 세포, 즉 자신이 한 가지 일을 해야 한다고만 '알고 있던' 세포(돌리의 원본 세포는 젖 단백질을 생산하는 '일'을 맡은 젖샘 상피 세포였다)가 원래 지녔던 분화 전능성을 다시 발휘하도록 유도할 수 있다는 사실은 과학자들에게 대단한 발견으로 비쳐졌다. 게다가 거기에는 놀라운 사회적 · 도덕적 의미도 담겨 있었다.

이 사례에서는 양이었지만, 어떤 포유동물이든 몸속에 있는 세포 하나로부터 재구성할 수 있으며, 인간도 이와 같을 것이 거의 확실하다. 그 세포가 반드시 난자와 정자를 만드는 생식 세포일 필요는 없다. 평범한 체세포, 즉 우리가 수조 개씩 갖고 있는 모든 세포로도 얼마든지 가능하다! 배양액에서 이미 분열을 시작한 배아 세포가 분화하는 것을 역행시켰다는 점에서, 메건과 모랙이야말로 진정한 과학적 돌파구라고 주장할 사람도 있겠지만, 그 실험은 세포 하나로부터 기존 생물을 재구성할 수 있다는 전망을 제시하지는 못했다. 돌리는 그것을 했다. 또 돌리는 인간 복제라는 가능성과 관련된 심각한 사회적 · 심리적 논쟁을 불러일으켰다.

한 달 뒤, 이언과 나는 런던에 있는 한 사무실에서 탁자를 사이에 두고 마주앉았다. 그는 자신의 연구진이 무슨 일을 했으며, 자신의 삶에 어떤 변화가 일어났는지 말해주었다. 수줍음이 많고 내향적인 그 사람은 세계 언론의 이목을 한 몸에 받게 되었고, 조용하던 작은 연구소는 북적거리고 시끌벅적해졌다. 전 세계 모든 사람들이 돌리를 만나보고 싶어하는 듯했다. 몇 주 지나자 나도 그 무리에 합류하게 되었지만 말이다.

로슬린 연구소는 방부제 처리를 확실하게 한 듯한 긴 복도에 천장 낮은 정체 모를 현대식 건물들로 이루어진 곳으로서, 목가적이고 편안했다. 돌리는 건물에서 멀리 떨어져 있지 않은 한 외양간에서 살았다. 나는 돌리가 어떻게 생겼을지 궁금했다. 대개 양들은 개체를 구별하기 힘든 수동적이고 순종적인 동물이 아니던가? 그렇게 활기가 없기에 잠이 안 올 때 양을 세면서 잠을 청하는 방식이 널리 퍼진 것이 아니던가!

실제로 내가 로슬린에서 만난 다른 양들은 나태하기 그지없는 그런 전형적인 모습으로 살고 있었지만, 돌리는 달랐다. 돌리는 뻔뻔하고 야단스럽고 고집 세고 버릇없고 뒤룩뒤룩 살이 쪘다. 나는 돌리가 손님이 오면 도망가는 것이 아니라, 오히려 달려든다는 말을 들었다. 실제로 돌리는 뒷다리로 일어서서 나를 환영했고, 어느 사육사가 일러주었듯이 '전기 청소기로 싹 빨아들이는' 양, 내 손에 든 것을 꿀꺽했다. 그 다음에 돌리는 사진 찍는 자세를 취했다.(정말이다!) 돌리는 먹보였기에 체중 관리가 어려웠다. 한번은 찾아갔더니 다이어트 중이었는데, '마른 풀만 줄 것'이라는 작은 팻

►돌리와 대리모

말 뒤에서 애처로운 표정을 지은 채 불만스럽다는 듯 울어댔다. 다른 몇몇 종에서도 체중 과다 문제로 고생하는 클론들이 있었다. 돌리의 비만이 복제와 관련이 있는 것인지, 아니면 찾아오는 손님들이 주는 먹이를 넙죽넙죽 받아먹고 운동은 잘 안 한다는 더 평범한 이유 탓인지 분명하지 않다.

2003년 2월 돌리는 복제양이든 그냥 양이든 가리지

않고 퍼진 폐 전염병에 감염되는 바람에 죽음을 맞이했다. 살아서 누린 명성에 비하면, 죽음은 아주 조용히 이루어졌다. 고통과 불안이 뒤따르는 치유 불가능한 질병에 걸렸기에, 돌리는 안락사당했다. 하지만 돌리는 결코 잊히지 않을 것이다. 돌리는 과학의 개척자였다. 예전에 살았던 동물 성체, 즉 분화한 세포로부터 복제된 최초의 포유동물로서 말이다.

돌리가 탄생한 과정은 개념적으로는 놀라울 정도로 간단하지만, 실제로 해내기는 대단히 어렵다는 것이 밝혀졌다. 돌리는 277번 시도 끝에 태어났다. 돌리를 탄생시키고자 로슬린 연구진은 핵 이식 방법을 썼다. 조직 시료는 6년생 핀 도어싯 암양의 젖샘에서 얻었다. 그 양은 이미 죽었고 세포는 배양하여 얻은 것이므로, 그 양의 정체는 결코 알 수 없다. 연구진은 조직 세포에서 핵을 빼내어 난자에 이식했다. 난자가 본래 지니고 있던 유전 물질은 미리 제거했다. 그렇다고 난자가 빈 껍질만 남은 것은 아니었다. 난자는 세포질로 가득했다. 세포질은 난자 내에서 핵을 둘러싸고 있는 바깥 부분을 말한다. 난자의 세포질은 중요한 역할을 하지만, 그것이 복제 과정에서 어떤 역할을 하는지는 아직 제대로 밝혀지지 않았다.

그들은 세포핵과 난자를 융합하고 배아 발생을 촉발시키기 위해 전류를 가했다. 그렇게 만든 배아를 스코틀랜드 블랙페이스라는 다른 혈통의 대리모 양에게 착상시켰다. 따라서 태어난 새끼 양이 클론인지 여부를 명확히 알 수 있었다. 즉 새끼는 대리모인 양의 혈통이 아니라, 세포핵을 제공한 양과 같은 혈통이었다.

돌리는 1996년 7월 5일에 태어났다. 돌리는 세포핵을 제공한 6년생 양과 거의 똑같은 유전적 사본이었다. 유일한 유전적 차이는 미토콘드리아 DNA였다. 미토콘드리아는 난자의 세포질에 있는 작은 기관으로서, 에너지 생산을 맡는다. 미토콘드리아는 한때 독립된 생물이었다. 약 20억 년 전 그들은 원시 세포 속으로 이사를 하여 공생 관계를 형성했고, 그 뒤로 숙주와 함께 진화하여 우리 같은 복잡한 생물들을 만들었다. DNA를 약간 지니고 있는 미토콘드리아는 그 계약으로 집을 얻었고, 집을 제공한 세포는 에너지를 공급받게 되었다.

미토콘드리아는 역사 때문에도 흥미롭지만, 우리 자신에 관해 무언가를 알려준다는 점에서도 흥미롭다. 우리에게 미토콘드리아 DNA는 모두 모계를 통해 전해진다. 따라서 모계를 거슬러 올라가면 우리의 진화 경로를 역추적할 수 있다. 질병 중에는 미토콘드리아 DNA에 일어난 돌연변이가 원인인 것도 있으며, 이런 질병은 어머니에게서 딸로 전해진다.

미토콘드리아는 세포핵이 아니라 세포질에 들어 있으

므로, 클론과 원본 사이에는 유전적 차이가 약간 있다. 비록 돌리가 지닌 원본인 젖샘 세포에 들어 있던 미토콘드리아 DNA 중에서 클론 속으로 약간 묻어 들어간 것도 있을 수 있겠지만, 돌리가 지닌 미토콘드리아 DNA는 대부분 삽입된 세포핵이 아니라 세포핵을 제거한 난자에서 유래한다.

미국 국립 과학 아카데미가 내놓은 한 보고서에 따르면, 클론과 원본은 근육, 심장, 눈, 뇌처럼 에너지를 많이 쓰는 신체 부위나, 미토콘드리아를 통제하여 세포를 죽이고 세포 수를 조절하는 과정에서 뚜렷한 차이를 알 수 있다. 인간 클론에게서는 가축 클론보다 이런 차이가 더 뚜렷이 드러날지도 모른다.

다음 그림에 실린 핵 이식 과정은 양이 아니라 소를 복제하는 데 필요한 단계를 나타낸 것이지만, 두 종에 쓰이는 기술은 똑같다.

발달의 수수께끼

과학적으로 볼 때, 복제는 발생학 분야에 속한다. 발생학은 모든 수수께끼들 중에 가장 심오하다고 할 만한 것을 밝혀내려고 애쓰는 분야이다. 하나의 수정란에서 어떻게 인간 같은 복잡한 생물이 발달할 수 있느냐는 물음이 그렇다. 군대에 비유해보자. 몸의 보병인 세포들이 어떻게 대규모 조직을 갖춘 군대가 될까? 명령은 어떻게 주고받을까? 전략은 누가 결정하는가? 병사들은 서로 어떻게 대화를 나눌까? 그들은 어떤 암호를 쓸까? 좀더 부드러운 비유를 쓸 수도 있다. 오케스트라는 어떨까? 그렇다면 각 악기들이 자기가 연주할 때에 맞추어 소리 내는 법을 어떻게 배우는 것일까라고 물을 수 있다.

발생이라는 수수께끼는 적어도 고대 그리스 때부터, 아니 아마 그보다 훨씬 이전부터 사람들을 당혹스럽게 만들고 흥미를 끌어왔다. 우리는 어떻게 지금의 우리 자신이 되는 것일까? 주로 인용되는 설명이 두 가지 있다. 첫번째는 전성설이라고 불리는 것으로서, 모든 구조들이 처음부터, 즉 세포 하나일 때부터 들어 있다고 본다. 따라서 발달은 단지 커지는 과정이나 다름없다. 이 이론의 시각적 상징이 바로 호문쿨루스(homunculus)이다. 호문쿨루스는 정자 세포의 머리에 숨어 있다는 소형 배아, 아니 성체를 가리킨다.

이 이론은 본질적으로 불가능하다는 문제를 안고 있다. 만일 그 견해가 타당하다면, 차곡차곡 포개진 러시아 인형들처럼 호문쿨루스의 정자 안에 다음 세대의 호문쿨루스

핵 이식 과정

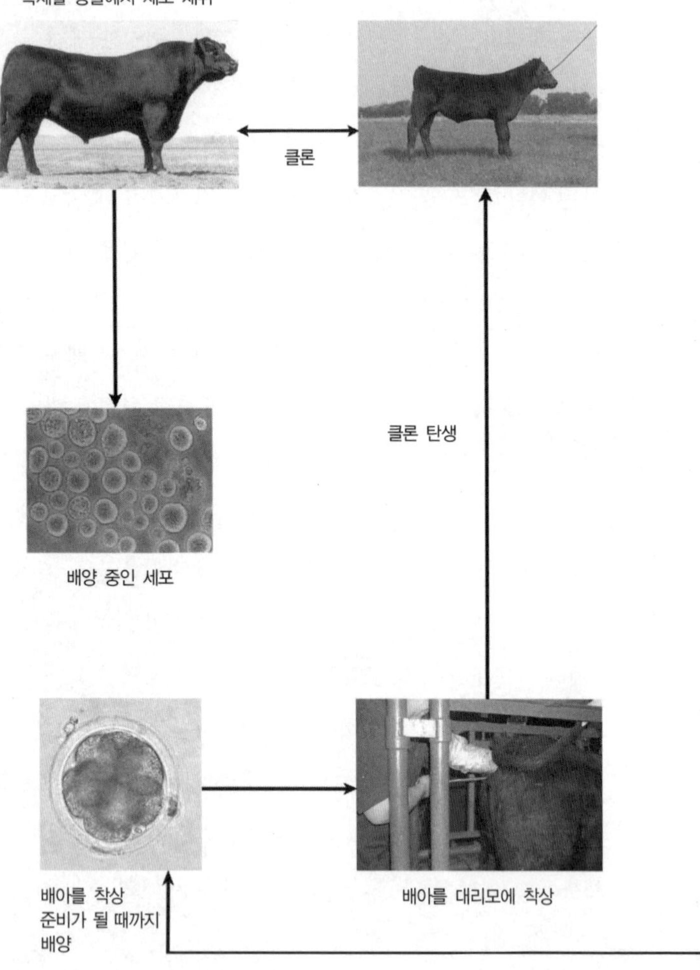

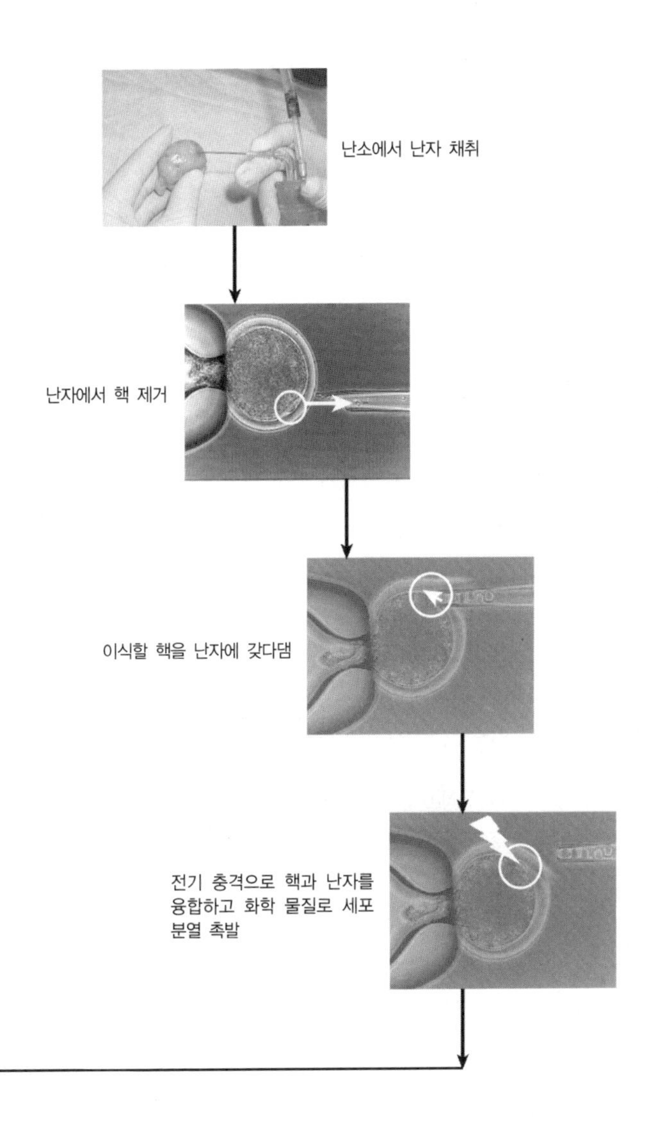
난소에서 난자 채취
난자에서 핵 제거
이식할 핵을 난자에 갖다댐
전기 충격으로 핵과 난자를
융합하고 화학 물질로 세포
분열 촉발

가 들어 있고, 그 호문쿨루스의 정자 안에는 그 다음 세대의 호문쿨루스가 차례차례 들어 있어야 한다.

두번째는 단순한 것에서 더 복잡한 것으로, 일반적인 것에서 세부적인 것으로 발달한다는 설명이다. 아리스토텔레스는 이 해석을 받아들였다. 신념 때문이 아니었다. 그는 새로운 구조들이 시간에 따라 출현하는지 여부를 알아보려고 닭의 배아를 발생 단계별로 깨서 살펴보는 실험을 직접 해보았다. 정말로 시간이 지나면서 새로운 구조들이 나타났다. 하지만 그 문제는 고대 그리스에서 해결되지 않았다. 그 뒤로도 오랜 세월 논쟁이 계속되어왔다. 하지만 닭이나 개구리나 인간의 몸 전체를 만드는 기본 계획(체제)이 처음부터, 즉 맨 처음 세포 때부터 있었다고 믿는 사람들은 또 다른 질문에 대답을 해야 했다. 세포가 분화할 때 이 신체 계획은 어떻게 될까? 고스란히 남아 있을까, 아니면 일부가 사라질까?

돌리가 알려준 핵심 사항은 그 계획이 고스란히 보존된다는 데 있다. 성체 세포, 즉 분화한 세포(돌리의 경우에는 젖샘 세포)에 든 프로그램을 재가동하여 발생을 다시 시작하도록 할 수 있다. 맨 처음 세포와 똑같은 잠재력을 갖게끔 말이다. 하지만 그 이야기로 넘어가면 너무 앞서 나가는 셈이 된다. 100년쯤 전으로 돌아가서, 분화한 세포에서 신체

►호문쿨루스

계획이 어떻게 될지 처음으로 이론을 제시한 발생학계의 거장을 만나보기로 하자. 그 뒤 몇 세대에 걸쳐 과학자들은 그가 제시한 이론이 옳은지 증명하려고 애썼다. 결국 그 이론은 틀린 것으로 밝혀졌다. 그의 이름은 아우구스트 바이스만(August Weismann)이며, 프라이부르크 대학 교수였다.

바이스만은 두 가지 이론을 내놓은 사람으로 가장 잘

알려져 있다. 하나는 시간의 시험을 견뎌냈고, 다른 하나는 그렇지 못했다. 사실 획득 형질(체력 단련을 통해 얻은 근육, 독서를 통해 얻은 지식, 테니스나 체스에서 갈고 닦은 실력 등)이 유전되지 않는다는 그가 제시한 첫번째 이론은 발생 과정에 관한 인식을 크게 발전시켰다. 그는 포유동물이 발생할 때, 생식 세포가 일반 체세포와 분리된다는 것을 알아차렸다. 따라서 후자에 무슨 일이 벌어지든 간에, 그것은 전자를 거치지 않기 때문에 다음 세대로 전달될 수가 없다.

여기서 우리가 다루고 있는 것은 그가 제시한 두번째 이론인 신체 계획의 운명이다. 그는 세포가 분화할 때 신체 계획 중 일부를 잃으며, 오직 맡은 기능만을 수행하는 데 필요한 유전자 명령문만이 보존된다고 했다. 그는 배아가 두 개의 세포로 분열했을 때 둘로 나누면, 각각 반쪽 배아 상태로 자랄 것이라고 생각했다. 오른쪽 절반과 왼쪽 절반으로 말이다.

과학에서 유레카를 외칠 수 있는 순간은 극히 드물다. 과학은 주로 꼼꼼하고 고역스럽고 품이 많이 드는 연구와 앞선 사람들이 얻은 깨달음을 토대로 이루어진다. 뉴턴의 명언은 분명히 옳다. 과학자들은 선배들 어깨 위에 서 있다는 것 말이다. 새로운 깨달음이 한 분야에 큰 발전을 가져오긴 하지만, 그 발전에는 대개 질문을 하고, 대답을 얻기 위한 가설을 세우고, 이론을 검증할 실험을 설계하는 과정이 수반되게 마련이다.

가설이 더 흥분되고 혁신적일수록, 과학자들이 그것을 검증하고 나아가 반증하려는 동기도 더 커진다. 물론 과학자들은 다른 사람들의 설명뿐 아니라 자신의 설명도 검증한다. 검증되는 것이 누구의 가설이든 간에, 발전은 변증법적 성격을 띤다.

바이스만의 가설이 겪어온 길은 그 과정을 아주 잘 보여준다. 그의 이론을 검증하는 확실한 방법은 2세포기 배아를 둘로 나누어서 각 세포가 분화 전능성(온전한 생물을 만들 수 있는 능력)을 지니고 있는지 여부를 알아본다. 그 실험에는 양서류의 배아가 적합했다. 포유류의 배아는 암컷의 몸 속에서 발달하므로 관찰하기가 어렵다. 1970년대 초에 인공수정 기술이 발달하기 전까지는 포유류의 배아를 몸 밖에서 관찰하고 조작할 방법이 없었다.

환상적인 실험: 슈페만과 그 후

바이스만에게 맨 처음 도전장을 던진 사람은 19세기 말의 한스 드리슈(Hans Driesch)였다. 그는 성게의 배아를 대상으로 중요한 실험을 했다. 그는 2세포기 배아를 격렬하게 뒤흔들어서 세포들을 분리시켜 각 세포가 분화 전능성을 그대로 지니고 있다는 것을 보여주었다. 그 뒤 한스 슈페만 같은 과학자들이 다른 종을 대상으로 실험을 하여 바이스만 가설이 틀렸음을 재확인했다. 한스 슈페만은 나중에 베를린에 있는 카이저 빌헬름 생물학 연구소 소장이 되었고, 1986년 이전까지 발생학자 중에 노벨상을 수상한 사람은 그 혼자였다.

19세기 말에 젊은이였던 슈페만은 결핵에 걸려 휴식을 취해야 했고, 무언가 시간을 때울 만한 것이 필요했다. 그러던 그가 우연히 집어든 책이 바이스만이 쓴 《생식질: 유전의 이론*The Germ Plasm: A Theory of Heredity*》이었다. 그 책은 슈페만 인생을 바꾸어놓았다. 그는 발생학자가 되기로 결심했다. 19세기 말에 바이스만의 이론을 결정적으로 논박한 사람이 바로 슈페만이었다. 그는 어린 아들의 머리카락을 이용하여 도롱뇽의 2세포기 배아를 둘로 나누었다. 간단하면서도 아주 독창적인 도구였다. 두 세포는 절반의 배아가 아니라 온전한 배아로 자라났다. 각 세포는 분화 전능성을 고스란히 지니고 있었다. 적어도 초기 단계에서는 그랬다.

과학에서는 해답이 새로운 의문을 불러일으키는 경우

가 많다. 슈페만의 실험은 곧 새로운 의문을 불러일으켰다. 과연 발생 후기에 있는 배아 세포도 신체 계획을 보존하고 있을까? 그리고 가장 까다로운 질문도 제기되었다. 완전히 분화한 성체 세포가 되면, 세포들은 자신에게 주어진 그 운명을 벗어날 능력을 영원히 잃는 것일까? 슈페만은 아주 원시적이긴 하지만 최초의 핵 이식 실험에 성공하여 첫번째 질문의 해답을 찾아냈다. 그는 이번에도 아기 머리카락을 이용했다. 그는 좀더 발달한 배아 세포에서 세포핵과 세포질을 분리했다. 그렇게 얻은 세포핵을 '더 젊은' 세포질로 밀어넣었다. 그러자 세포질은 삽입된 세포핵을 다시 젊어지게 했고, 슈페만은 원래의 배아와 똑같은 쌍둥이를 만들어냈다.

슈페만은 아주 뛰어난 재능을 지닌 과학자였다. 그는 1935년에 노벨상을 받았고, 1938년에는 세포가 분화할 때 신체 계획이 어떤 운명을 맞이하는가라는 질문에 결정적인 해답을 내놓을 수 있는 실험을 구상했다. 그는 그것을 '환상적인 실험'이라고 불렀다. 성체 세포에서 세포핵을 빼내어 미리 핵을 제거한 난자에 집어넣는 실험이었다. 대단히 탁월하고 대담한 구상이었다. 하지만 당시로서는 불가능한 실험이었다. 슈페만에게는 세포핵을 난자 속으로 주입할 방법이 없었다.

복제 이야기는 그로부터 14년이 더 지난 뒤에야 재개

되었다. 필라델피아에 있는 암 연구소에서 일하는 로버트 브릭스(Robert Briggs)와 토머스 킹(Thomas King)의 실험을 통해서였다. 브릭스는 나름대로 분화를 설명할 가설을 세워놓고 있었고, 그것을 검증하려고 애썼다. 그는 신체 계획이 사라지는 것이 아니라, 불필요한 유전자 활동을 차단하고자 일부가 그냥 잠자고 있는 것이라고 믿었다.

브릭스와 킹은 표범개구리(*Rana pipiens*)의 배아를 대상으로 실험했다. 그들은 개구리의 난세포에서 세포핵을 빨아내고 대신에 배아 세포에서 뽑아낸 세포핵을 넣을 수 있는 도구와 장비를 직접 고안하고 제작했다. 그들은 핵 이식을 통해 최초의 클론을 만들어냈다. 올챙이 27마리였다. 그들이 핵 이식을 통해 양서류를 복제한 행위는 인간을 복제하겠다는 사악한 계획을 위한 준비 단계가 결코 아니었다. 슈페만의 연구와 마찬가지로, 브릭스와 킹은 핵 이식이 가설을 검증하고, 질문에 대답을 하고, 분화 과정을 밝히는 수단이라고 보았다. 하지만 과학적 탐구는 양파를 벗기는 것과 비슷하다. 질문에 대답을 할수록 더 많은 새로운 질문과 도전과제들이 나타난다.

1960년대에 옥스퍼드 대학의 존 거든(John Gurdon) 교수는 다른 개구리(*Xenopus*)를 이용하여 브릭스와 킹이 끝내지 못한 부분부터 복제 실험을 재개했다. 이 종류의 개구리는 지금도 발생학 연구에 많이 쓰인다. 거든은 올챙이에서 분화한 세포(내장의 상피 세포)를 떼어내 성적으로 성숙한 개구리가 될 때까지 발달시키는 데 성공했다. 하지만 성공률은 대단히 낮았다. 원래 핵을 제거한 난자에 이식한 세포핵 중 대부분은 올챙이 단계까지밖에 자라지 못했다. 게다가 그를 비롯한 어느 누구도 다 자란 개구리의 분화한 세포를 이용하여 성적으로 성숙한 개구리를 발달시키는 데에는 성공하지 못했다.

복제 생쥐 세 마리

그 뒤로 복제 연구는 정체 상태에 머물러 있었다. 그러다가 1979년 발생학계에 슈퍼스타가 등장했다. 제네바 대학의 카를 일멘제(Karl Illmensee)였다. 그는 초기 배아 세포의 핵을 이식하여 복제 생쥐를 만들어냈다고 발표했다. 즉 최초로 포유동물을 복제하는 데 성공한 것이었다. 일멘제는 동료인 페터 호페(Peter Hoppe)와 함께 1981년 연구 결과를 발표했다. 그는 어느 모로 보나 뛰어나고 다재다능한 과학자였고, 그의 강의는 적어도 두 사람에게 영감을 주었다. 나중에 포유동물 복제 분야를 이끄는 인물로 떠오른 스틴 윌러드슨(Steen Willadsen)과 키스 캠벨(Keith Campbell)이었다.

포유동물, 특히 발생학 분야에서 중요한 실험 동물인 생쥐를 복제할 수 있다는 소식에 과학자들은 흥분에 휩싸였다. 하지만 문제가 하나 있었다. 일멘제의 실험 결과를 아무도 재현할 수 없었던 것이다. 게다가 그는 자신의 기술을 시연해 달라는 요청을 계속 거부했다. 심지어 자기 연구실 사람들에게조차도 말이다. 소문은 계속 퍼져 나갔고, 그의 논문들은 꼼꼼하게 재검토되었다. 결과가 한 번뿐이라면 그것은 일회적인 사건에 불과하다는 것이 과학계의 격언이기 때문이다. 제대로 된 과학적 업적이라면 재현이 가능해야 한다. 이 문제는 돌리 때에도 다시 제기되었다. 돌리 이후 많은 연구실에서 성체 세포로부터 양을 복제하려고 갖은 애를 썼지만, 시간이 꽤 흐를 때까지도 아무도 성공하지 못했기 때문이다. 그러다가 1998년 하와이에서 다시 생쥐를 복제했다는 발표가 나왔다. 그때까지 성체로부터 포유동물을 복제할 수 있다는 것을 의심하는 분위기가 팽배해 있었다.

지금도 발생학 분야에서 거장으로 남아 있는 데버 솔터(Davor Solter)와 당시 그의 제자였고 지금은 필라델피아에 있는 위스타 연구소에서 일하고 있는 프랭크 맥그레이스

(Frank McGrath)는 일멘제의 연구 결과를 재현하기 위해 불철주야 노력하고 있었다. 솔터도 슈페만이나 브릭스와 마찬가지로 복제가 분화의 비밀을 풀어줄 방법이라고 보았다. 원래 그는 나름대로 생쥐를 복제할 계획을 세워놓고 있었지만, 일멘제의 연구 결과가 발표되자 자신의 방식을 포기하고 일멘제가 서술한 방법, 즉 성공했다고 입증된 방법을 받아들여 실험을 해보았다.

하지만 솔터와 맥그레이스가 아무리 애를 써도 일멘제가 사용한 방법은 도무지 먹혀들지가 않았다. 지칠 정도로 실험을 되풀이했지만 아무 성과가 없자, 그들은 그 사실을 학술지에 발표했다. 과학 실험은 대부분 실패로 끝나게 마련이므로, 학술지들은 대개 부정적인 결과를 담은 논문은 싣지 않는다. 하지만 일멘제의 주장은 대단히 중요한 동시에 논란의 대상이었고, 그것을 의심하는 학자들이 많았기에, 1984년 유명한 학술지인 《셀*Cell*》과 《사이언스*Science*》에 솔터와 맥그레이스가 발표한 논문이 실렸다. 《사이언스》에 실린 논문의 마지막 행은 포유동물을 복제하려는 발생학 연구에 조종을 울리는 듯했다. 두 과학자는 자신들의 연구가 "핵 이식을 통한 포유동물의 복제는 생물학적으로 불가능하다"는 것을 의미한다고 썼다.

일멘제가 정말로 생쥐를 복제했는지 여부는 지금도 확실하지 않다. 돌리를 탄생시킨 연구진 가운데 한 사람인 키스 캠벨은 그가 복제에 성공했지만 다시 해낼 수가 없었던 것인지도 모른다고 생각한다. 키스는 아무튼 그 뒤에 생쥐가 복제된 것은 사실이므로, 원리상 일멘제가 성공하지 못했다고 볼 이유는 없다고 말한다. 이 스캔들은 일멘제와 호페의 경력에 심각한 타격을 입혔다. 하지만 그것은 《사이언스》에 실린 위에서 이야기한 마지막 행이 복제 연구 전반에 미친 영향에 비하면 아무것도 아니었다. 그 논문 때문에 명성이 높고 존중받는 발생학자들은 바이스만의 가설을 검증하고 슈페만의 '환상적인 실험'을 탐구하겠다는 생각 자체를 포기하고 말았다. 그들은 다른 분야로 발길을 돌렸다. 단순한 무지가 더 뻗어갈 수 있는 탐구를 가로막은 셈이다.

복제 연구에 지원되던 연구비도 모두 끊겼다. 그것은 뛰어난 학자들이 할 만한 가치가 없는 연구로 여겨지게 되었고, 말 그대로 외양간에 처박혔다. 외양간이야말로 그 연구에 뛰어들 동기를 지닌 유일한 곳이었기 때문이다. 그 결과 복제 기술은 지식을 추구하는 도구에서 밀려나 우량 동물을 번식시키는 등 실용적인 목적을 달성하는 도구로 바뀌었다. 미국 야구에 빗대어 말하자면, 메이저리그에서 마이너리그로 간 셈이었다. 하지만 수의학계는 발생학자들의 비관론이 잘못되었다는 것을 보여주었다. 그 역할은 스틴 윌러드슨과 랜들 프래더(Randall Prather)의 연구로 이루어졌다. 포유동물의 복제가 정말로 가능하다는 것을 말이다.

스틴 윌러드슨을 복제 과학의 발전에 가장 큰 기여를 한 사람이라고 말해도 과찬이 아니다. 그는 복제 과학자들 중에서 가장 눈에 띄는 인물에 속한다. 그는 요즘에는 주로 사람의 인공 수정을 연구하고 있다.

스틴은 코펜하겐에서 태어나 유틀란트의 한 농장에서 자랐다. 당시 그는 커서 수의사가 되겠다고 결심했다. 하지만 수의사 일을 잠시 해보니 지겨운데다가 왕성한 호기심을 못 이겨 다시 대학으로 돌아가 생식 생리학 분야에서 박사 학위를 받았다. 그런 다음 케임브리지에 있는 영국 농업위원회 산하 생식 생리학 및 생화학 분과로 자리를 옮겼다. 그곳에서 그는 우유국에서 지원하는 연구비를 받으면서 연구원 생활을 했다. 그가 처음 맡은 과제는 양과 소의 배아를 냉동시키는 방법을 개발하는 것이었다. 그것은 그 자리에 있던 한 선배가 시작한 과제였다. 그가 바로 이언 윌머트였다!

그 과제를 성공적으로 끝내자, 스틴은 연구할 과제를 자유롭게 선택할 수 있었다. 그는 배아의 미세 조작 분야를 택했다. 1970년대 말, 그는 초기 배아에서 얻은 세포들을 떼어내고 모으는 방법을 써서 일란성 쌍둥이와 네 쌍둥이를 만드는 방법을 고안했다. 그리고 후속 연구를 계속하여 핵 이식 기술로 양의 배아를 복제하는 방법을 완성했다. 돌리는 바로 그 방법으로 탄생한 것이다.

스틴은 배아를 나누어 놀라운 일들을 해냈다. 그는 양, 소, 염소, 말의 2세포기, 4세포기, 8세포기 배아를 세포별로 나누어 쌍둥이 배아를 만들어서 각 종의 대리모에 착상시키기도 했다. 또 쌍둥이 배아 중 한쪽을 냉동했다가 착상시켜서, 나이가 다른 일란성 쌍둥이를 탄생시키기도 했다. 그는 키메라도 만들어냈다. 즉 같은 종이나 다른 종의 배아에서 뽑은 세포들을 융합시켜 새로운 동물을 만들었다. 그 중에는 양-염소도 있었다.

스틴은 핵 이식을 통해 복제가 가능한지 알아보는 것을 다음 과제로 삼았다. 그는 양의 8세포기 배아에서 뽑은 핵을 본래 핵을 제거한 난자에 이식했다. 1984년 그가 처음 복제한 새끼 양 두 마리는 사산되었지만, 그 다음 한 마리는 살아남았다. 일멘제가 핵 이식을 통해 최초의 포유동물을 복제한 것이 사실이 아니라면, 스틴 윌러드슨이 그 일을 처음 해낸 사람임이 분명하다. 양에 관한 그의 논문은 1986년 3

월에 발표되었다. 그 전 해에 그는 케임브리지를 떠나서 텍사스 주에 있는 그라나다 회사의 목장으로 자리를 옮겼다. 그곳에서 그는 배아 복제 방법을 소의 배아에 적용했다.

윌러드슨이 소를 복제하는 연구를 시작했을 때, 위스콘신 대학에 있는 과학자들도 같은 연구를 하고 있었다. 그들은 상업적인 정신이 투철했다. 미국의 대기업인 W. R. 그레이스는 배아 분리를 통한 복제에 관심이 많았다. 그 기업은 8세포기 배아를 복제하여 우량 소들의 수를 기하급수적으로 늘리겠다는 목표를 갖고 있었다. 성공한다면 배아 하나로 소 떼를 만들 수도 있었다. 《사이언스》에 실린 데버 솔터의 논문, 즉 포유동물 복제 기술의 앞날이 암울하다는 논문은 닐 퍼스트(Neal First)가 이끌고 있던 위스콘신 연구진에게는 불행한 소식이었다.

당시 박사 과정 대학원생이던 랜들 프래더는 소를 복제하라는 과제를 맡고 있었다. 그는 1986년 초기 배아로부터 소를 복제했고, 그 소는 1987년에 태어났다. 핵 이식을 통해 소를 맨 처음 복제한 사람이 누구인가를 놓고 지금도 격렬한 논쟁이 벌어지고 있다. 윌러드슨은 자신이 위스콘신 연구진보다 1년 먼저 성공했다고 주장한다. 하지만 먼저 결과를 발표한 쪽은 프래더 연구진이었다. 최근에 프래더는 특정한 유전자를 제거한 뒤 핵 이식 기술로 돼지들을 복제하는 아주 놀라운 연구를 하고 있다. 그의 연구 덕분에, 유전자를 변형시킨 돼지의 신체를 이식용 장기로 활용한다는 꿈에 한 걸음 더 가까이 다가가게 되었다. 3장에서 우리는 이 연구가 이 책을 읽고 있는 모든 사람들의 삶에 어떤 변화를 가져올지 살펴보고자 한다.

배아 세포로부터 포유동물을 복제할 수 있다는 증거가 나왔지만, 발생학계의 관심을 불러일으키는 데에는 실패했다. 복제 기술은 여전히 응용 분야에 머물러 있었고, 복제 과학에서 그 다음으로 이루어진 큰 발전도 상업적인 동기를 지닌 사람들이 해냈다. 이언 윌머트와 키스 캠벨이 이끄는 로슬린 연구소에서 메건과 모랙을 복제한 것이었다. 그로부터 1년 뒤에 그들은 돌리를 탄생시켰다. 연구소의 과학자들이 어떻게 그리고 왜 복제에 뛰어들었는지는 다음 장에서 다루기로 하자. 여기서는 키스와 이언이 약 1년이라는 시차를 두고 두 가지 실험에 성공했다는 것만 말해두기로 하자.

첫 실험을 한 결과 1995년 여름 메건과 모랙이 태어났다. 두 양은 9일 된 배아에서 떼어낸 세포로부터 복제되었다. 즉 배양 접시에서 이미 분화를 시작한 배아에서 떼어낸 세포로부터였다. 그 실험은 분화를 역행시킬 수 있다는 것을

►메건과 모랙

입증했다. 바로 그 점 때문에, 로슬린 과학자들은 과학의 관점에서 볼 때는 이 첫 실험이 진정한 도약이었다고 여긴다.

앞서 살펴보았듯이, 과학에서는 긍정적인 결과도 더 많은 의문을 불러일으키는 경향이 있다. 그들은 태아 세포나 나아가 성체 세포처럼 분화가 더 진행된 세포들의 복제를 시도하지 못할 이유가 없다고 생각했다. 로슬린 연구소에서 수행된 두번째 실험, 즉 돌리를 탄생시킨 실험에는 세 군데에서 얻은 세포가 사용되었다.

돌리의 탄생은 전 세계 언론의 이목을 끌고 슈페만의

꿈을 확실히 실현시켰다. 바이스만의 가설이 옳다면, 분화할수록 잠재력은 서서히 돌이킬 수 없이 사라질 것이다. 분화 전능성을 복원할 방법은 전혀 없다. 하지만 돌리는 운명이 정해진 성체 체세포로부터 배아가 가진 힘과 잠재력을 복원시킬 방법이 있다는 것을 보여주었다. 브릭스는 분화한 세포에 신체 계획 전체가 고스란히 보존되어 있다고 믿었다는 점에서 옳았다. 맡은 기능을 수행하는 데 필요하지 않은 유전자들은 그저 비활성 상태로, 즉 꺼져 있을 뿐이었다. 그리고 설령 분화한 세포들이 자신과 똑같은 세포들만을 만든다고, 즉 근육 세포는 근육 세포만 만들고, 뼈는 뼈만 만들고, 피부는 피부만 만든다고 할지라도 되돌아갈 방법은 있다. 전문가인 세포도 팔방미인, 즉 돌리를 낳은 세포 같은 만능 재주꾼이 될 수 있다.

메건과 모랙 실험을 기사화하면서 그것을 인간 복제와 연관지은 언론도 일부 있긴 했지만, 대부분 언론은 그 성과를 무시했다. 특히 미국 언론이 그랬다. 한 비평가는 이렇게 말했다.

"그것들은 배아 세포이므로, 클론들이 모차르트가 될지 어떨지 모르는데 굳이 복제를 할 이유가 있을까?"

프로그램 재설정

체세포의 시간을 되돌리고 전체 신체 계획의 가용성을 복원하는 과정을 재프로그래밍이라고 한다. 삽입된 핵의 분화 전능성을 복원하는 역할은 난자의 세포질에 있는 인자들이 한다. 그것들은 아직 완전히 파악되지 않고 있다. 그 과정을 거치면 비활성 유전자들은 다시 활성을 띠게 된다. 그러면 세포핵은 초기 배아 발생 과정을 진행시킬 수 있다. 성숙한 세포가 분화 전능성을 띠도록 하는 재프로그래밍 과정이 노화 시계까지 되돌릴 수 있는지는 아직 명확하지 않다. 해답이 나오면 틀림없이 파급 효과가 아주 클 것이다!

진화가 유전자 발현을 이렇게 대규모로 재정비할 장비를 세포질에 갖추어놓은 것은 아니다. 수정 과정에서 정자가 난자와 만날 때, 난자의 세포질은 그다지 중요한 일을 맡고 있지 않다. 그것은 그저 들어오는 정자를 받아들이도록 설계되어 있다. 반면에 복제 과정에서 세포질이 성체 세포핵 프로그램을 재설정할 때, 그것은 단지 어머니 자연이 염두에 둔 적이 없던 일을 하는 정도로 그치지 않는다. 그것은 위험천만한 속도로 그 일을 한다. 따라서 재프로그래밍이 불완전하게 일어나거나 어떤 식으로든 결함이 빚어질 가능성도 있다. 문제는 시간이 불충분하기 때문이 아니라, 해야 할 일이 경악할 만한 규모라는 데에 있다.

재설정되어야 할 유전자 프로그램은 짧은 기간, 즉 초기 배아 발생 때 이루어지는 사건들에만 관여하는 것이 아니다. 그 프로그램은 생물이 살아 있는 내내 작동한다. 예를 들어, 사춘기에 들어설 때 중요한 역할을 하는 유전자들은 그때가 되어야만 켜진다. 그리고 일이 다 끝나면, 그것들은 꺼져야 한다. 이 명령문들로 이루어진 복잡한 그물이 손상되면, 유전자 발현에 문제가 생긴다. 그런 결함을 유전자 자체에 일어나는 변화나 돌연변이와 구분하기 위해 후성적이라고 부른다.

집에 있는 전등도 다소 유용한 비유가 될 수 있다. 부엌에 있을 때, 당신은 부엌의 전등을 켜야 한다. 부엌을 떠나 다른 방으로 들어갈 때는 전등을 끈다. 후성학에서 나타난 실상과 내가 든 비유의 중요한 차이점은, 전등은 방을 떠난 뒤에 계속 켜놓아도 전기료가 많이 든다는 것 외에는 별다른 해를 끼치지 않는다는 데 있다. 하지만 이 비유는 관련된 복잡성과 조화로움을 전달하기에는 역부족이다. 전등에 해당하는 수많은 유전자가 현란한 빛을 연출하는 것처럼 정확히 제 시간에 켜지고 꺼져야 한다. 암은 특정한 유전자 전

등이 꺼져 있어야 할 때 켜져 있어서 나타난 결과일 수 있다.

비록 동물 클론 중에 건강한 듯이 보이는 것도 있지만, 대다수는 아주 비정상적이다. 살아서 태어나는 것은 거의 없으며, 그나마도 절반 이상이 발정기가 되기 전에 죽는다. 성체 세포로부터 만든 포유동물 클론들에서 나타나는 비정상이 되는 원인을 설명하기에 가장 적합한 가설은 유전자 발현의 결함이다. 발생하는 배아는 불완전한 유전자 발현, 즉 과학자들이 잡음이라고 부르는 것에 대처하는 놀라운 능력을 지니고 있는 듯하다. 배아의 유전자 발현이 완벽할 필요는 없겠지만, 핵 이식은 이런 잡음을 너무 많이 만드는 듯하며, 그 결과 후성적 변화들이 빚어진다. 하지만 세포핵 결함이나 불완전한 재프로그래밍만이 원인은 아니다. 세포들이 배양기에서 자라면서 후성적 변화를 일으킬 수 있다.

후성적 현상 중 각인이라는 특수한 것이 있다. 양 같은 포유동물들은 유전체에 있는 모든 염색체를 둘씩 쌍으로 물려받는다(그 점에서는 인간도 그렇다). 아마도 극히 일부이겠지만, 이 유전자 중 일부는 부계나 모계 중 어디에서 물려받았는가에 따라 각인이 달라서 다르게 행동한다(즉 켜지거나 꺼진다). 복제에서 우려되는 사항 중 하나는 핵을 재프로그래밍했을 때 각인에 혼란이 생겨 문제를 일으킬지 모른다는 사실이다. 양쪽 성의 부모를 갖지 않아서 정상적인 발달이 불가능해지는 것일 수도 있다. 혹은 모계 염색체와 부계 염색체를 모두 지니고 있는 체세포에서 생겼기 때문에(돌리의 익명 원본에도 마찬가지로 익명의 부모를 갖고 있었다), 클론의 몸에 각인이 그대로 있을 수도 있다. 우리는 아직 전혀 모른다.

하지만 우리는 돌리가 관절염을 앓았다는 것은 안다. 그 증상은 복제와 관련이 있을 수도 있고 없을 수도 있다. 또 돌리는 비만이었다. 하지만 치료 불가능한 폐 전염병에 걸려 안락사당하기까지 그 외의 모든 것에서는 정상처럼 보였다. 돌리가 성적으로 성숙했다는 것도 중요하다. 앞서 말했듯이, 지금까지는 분화한 개구리 세포에서 성적으로 성숙한 어른 개구리를 만들어내는 것조차도 할 수 없었기에, 그것이 핵심 사항이었다. 돌리는 새끼를 여섯 마리 낳았다. 그 새끼들은 모두 복제가 아니라 정상적인 방식으로 태어났고 후성적으로 정상이었다. 나는 돌리가 첫 새끼를 출산한 지 두 달 뒤인 1998년 6월에 가서 돌리가 엄마 역할을 잘 하고 있는지 보았다. 보니라는 이름이 붙여진 그 새끼 양은 아주 아름다웠다.

돌리는 늘 대단히 사교적이면서도 몹시 신경질적인 태도를 보여왔다. 그런데 이제는 그렇지 않았다. 돌리는 아

►돌리와 보니

주 자랑스럽다는 듯이, 새끼 양과 나란히 서 있었는데, 차분하고 조용했다. 연구소 사람들 이외에 해산한 뒤에 돌리를 맨 처음 본 사람이 나였다. 출산 무렵에는 이방인들과 카메라 조명을 대하지 않고 조용한 생활을 하게끔 조치했으니 말이다. 돌리는 내가 어루만지자 가만히 서 있다가, 보니에게 손을 대려고 몸을 굽히자 내 얼굴을 핥았다.

드디어 외롭지 않게 된 클론

존재가 알려지고 상당한 시간이 흐를 때까지, 돌리는 '외로운 클론'이라는 말이 딱 어울리게 혼자였다. 돌리의 존재 자체가 증명하고 있는 과학적 발견이 너무나 중요했으므로, 의심하는 사람들도 있었다. 아니 많았다. 돌리는 일회적 사건이라고 불렸다. 그것은 재현할 수 없는, 따라서 검증이 안 된 과학적 발견을 뜻하는 경멸 어린 용어였다. 게다가 더 의구심을 불러일으킨 것은 돌리를 탄생시킨 원본 세포가 지닌 유전학 자료가 사람들이 원했던 것에 비해 아주 미비했다는 점이다.

비록 로슬린 연구소의 과학자들은 그 실험을 다시 하려고 시도하지 않았지만(다음 장에서 설명하겠지만, 그들은 또 다른 과학적 월척을 낚으려 했다), 다른 연구실에 있는 과학자들은 똑같이 성체 세포로부터 양을 복제하려고 애썼다. 하지만 아무도 성공하지 못했다. 그러다가 1998년 7월 《네이처》에 핵 이식으로 생쥐를 복제하는 데 성공했다는 논문이 실렸다. 돌리와 마찬가지로 성체 세포의 핵을 이용해서 이룬 성과였다. 20마리가 넘는 이 생쥐들은 번식 능력을 갖춘 성체로 자랐다. 그 생쥐들은 모두 암컷이었고, 난소에서 성숙하는 난자를 감싸고 있는 난구세포(cumulus cell)를 기린다는 의미에서 그 모계의 근원이 된 세포에는 쿠물리나(Cumulina)라는 이름이 붙었다. 이 세포 집단에서 핵을 빼낸 것이다.

하와이 연구진을 이끈 사람은 생식 생물학계에서 거의 전설적 인물인 야나기마치 류조(柳町隆造)였다. 그 논문의 수석 저자인 와카야마 테루히코(若山照彦)는 동료 과학자들로부터 마법의 손을 갖고 있다는 말을 듣고 있었다. 그가 쓴 기술은 돌리를 만든 기술과 달랐다. 하와이 연구진은 핵을 빼낸 난자에 다른 핵을 융합하는 대신에, 핵을 미세 주입하는 방법을 썼다. 돌리를 복제할 때에는 전류를 가해서 핵을 빼낸 난자와 핵의 융합을 유도하고 그렇게 생긴 배아의 발생을 촉발시켰다. 반면에 생쥐를 복제할 때에는 화학 물질을 이용하여 배아 발생을 유도했다.

돌리를 복제한 과학자들은 적어도 간접적으로라도 상업적인 동기를 갖고 있었다. 반면에 생쥐 복제 연구는 오로

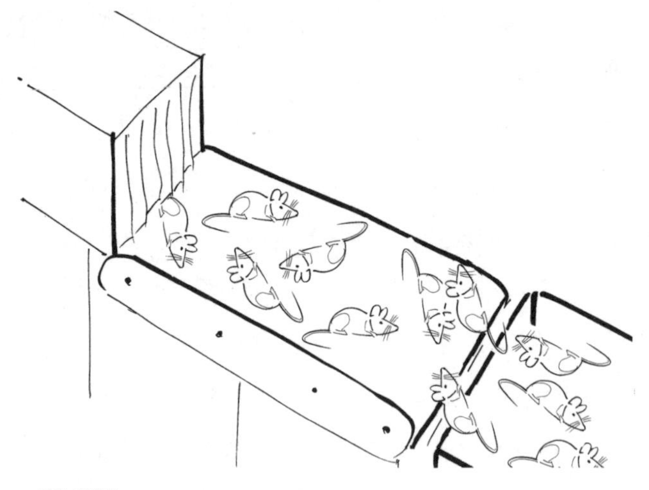

►생쥐 클론들

지 복제를 둘러싼 이론적인 문제들을 탐구하기 위해 이루어졌다. 이 실험이 발표된 뒤, 하와이 연구진은 다른 생쥐에게 얻은 세포를 이용하여 수컷 생쥐들을 복제하는 데에도 성공했다. 이번에는 어른 생쥐의 꼬리 끝에서 얻은 세포를 썼다. 이어서 배아 줄기 세포에서도 생쥐가 복제되었다. 인간도 배아 줄기 세포를 지니고 있으며, 그 세포가 난치병을 치료할 수 있는 놀라운 잠재력을 지니고 있다는 것을 4장에서 다루기로 한다.

생쥐가 복제되었다는 소식이 있은 뒤로 소, 염소, 돼

지, 토끼, 말, 쥐, 고양이, 노새가 복제되었다는 소식이 잇달아 들렸다. 원숭이와 개를 비롯한 다른 동물들을 복제하려는 시도도 계속되고 있다. 동물 복제는 인간의 건강과 깊은 관계가 있다. 복제 동물이 현재와 미래에 우리에게 무엇을 줄 것인가가 다음 장에서 논할 주제이다.

►돼지 클론들

3

동물 농장: 복제 기술의 응용

로슬린 연구소의 주된 목표는 계속 배양할 수 있는 세포들로부터 핵 이식을 통해 자손을 생산하는 방법을 찾아내고, 그것을 원하는 유전자 변형을 일으켜서 생식 세포주로 전달하는 수단을 삼는 것이었다.

키스 캠벨

모든 동물은 평등하지만, 남들보다 더 평등한 동물도 있다.

조지 오웰, 《동물 농장》

나는 이렇게 말했다. "브라이스 박사님, 저는 이식을 간절히 원합니다. 아주 단순한 거죠. 저는 살고 싶어요."

맬러리 블랙먼, 《돼지 심장을 가진 소년》

트로이 돼지를 조심할 것! 돼지의 장기를 당신 몸속에 이식했을 때, 거기에 숨어 있던 바이러스들이 목마의 뱃속에 숨어 있던 그리스 병사들처럼 밖으로 나올 수도 있다.

로빈 와이스

기술 축적

돌리가 탄생하기 전까지 대다수 사람들은 동물 복제라는 말이 나오면 「쥐라기 공원」을 떠올렸다. 기억하겠지만, 그 영화는 공룡을 망각의 늪에서 건져 올려 테마 공원의 주인공으로 만들려는 아주 무모한 과학자 이야기이다. 그는 호박 속에 보존된 모기(공룡의 피를 빨았던)로부터 추출한 DNA를 이용하여 공룡들을 복제했다. 화석에는 복제할 수 있을 정도로 DNA가 온전히 보존되어 있을 수가 없기 때문에 그 가정은 불합리하다. 그 DNA에는 누락된 부분이 아주 많다. 공룡의 알을 구할 수 없었으므로, 그는 양서류의 알을 이용했고 암컷만 복제했다. 공룡들이 스스로 번식할 수 없도록 말이다. 하지만 무언가 끔찍한 일이 벌어져서 공룡들은 스스로 번식할 수 있게 되었다.

설령 유전공학에서 도움을 받는다 해도, 한때 지구를

► 쥐라기 공룡과 산책하기

걸어다녔던 멸종한 생물들을 되살릴 수는 없다. 하지만 애지중지하는 애완동물이나 멸종 위기에 처한 종 같은 현재 가치 있고 유용한 동물들을 복제할 수는 있다. 현재의 복제 기술 발달 수준을 볼 때, 그 일의 핵심 요소는 DNA 은행이다. 기술 측면에서 보면, DNA 은행은 인간 냉동 보존술의 축소판 같다. 액체 질소에 동물이나 사람의 몸 전체를(혹은 비용 절감이나 의식이 담긴 부분만을 생각해서 머리만) 보존하는 대신에,

조직에서 추출한 DNA만 보존한다. 물론 복제 기술은 냉동 보존술과 근본적으로 다르다. 전자는 유전적으로 똑같은 나이 어린 일란성 쌍둥이를 만드는 반면, 후자는 죽음을 안겨줄 병이나 상처를 미래 의학으로 치료할 수 있을 것이라는 희망에서 동물이나 사람의 원본을 보존하는 것을 뜻한다.

늙은 개에게 새 비결 가르치기

1997년 캘리포니아의 억만장자인 존 스펄링(John Sperling)은 번뜩 다음과 같은 착상이 떠올랐다. 그는 과학자들에게 비용을 댈 테니 자신이 아끼는 개 미시를 복제해 달라고 요청했다. 그렇게 하여 미시 복제 계획이 시작되었다(www.missyplicity.com).

그가 후원한 과학자들은 텍사스 주에 있는 주요 농업 교육기관인 텍사스 A&M 대학 사람들이었다. 스펄링은 미시 복제 계획의 책임자로 소 복제 연구를 해왔고 개의 생식 생리학에 관심이 있던 저명한 과학자인 마크 웨스트허신(Mark Westhusian)을 택했다.

이 글을 쓰는 현재, 미시를 복제하려는 시도는 성공을

►애완동물 모델

거두지 못한 상태이다. 마크는 고양이를 복제한 적이 있었다. 그 고양이의 이름은 카피캣이었다. 또 그는 22년생 소인 챈스의 성체 세포로부터 황소를 복제하는 데에도 성공했다. 당연하겠지만, 그 복제 소는 제2의 챈스라고 불린다. 2002년 여름 미시는 죽었고, 몇 달 뒤 스펄링은 미시 복제 계획의 장소를 텍사스에서 캘리포니아의 비밀 장소로 옮겼다.

미시 복제 계획은 텍사스를 떠났지만, 마크는 1997년 스펄링이 지원하는 자금을 받아 동물 복제를 연구하는 벤처 회사를 차렸다. 제네틱 세이빙스 앤 클론(Genetic Savings & Clone)이라는 이 회사는 종류는 다르지만 예금과 대출 업무를 했던 낡은 은행 건물에 자리 잡고 있다. 이 회사는 대중에게 DNA 은행 업무를 제공한다. 건강한 동물을 대상으로 한 표준 업무가 있고, 질병 말기에 있거나 막 죽은 애완동물들을 대상으로 한 긴급 업무가 있다. 고객을 담당하는 수의사가 조직 표본을 채취하여 택배 회사를 통해 은행으로 보내는 방식이다. 복제 서비스의 시장 규모가 커진다면 연간 보관 비용은 크게 낮아질 것으로 보인다. 그리고 화재나 다른 재난에 대비하여 표본들을 백업해두는 시설도 있다.

개와 고양이 복제가 원활하게 이루어져서 건강한 동물들이 태어나고, 비용도 감당할 만해진다면(현재는 연구 개발비를 포함하여 25만 달러가 든다), 수요가 상당할 것이다. 어드밴스드 셀 테크놀로지(ACT)처럼 똑같은 서비스를 제공하는 회사들이 더 생긴 것도 놀랄 일이 아니다. 슬픔을 달래줄 대체 애완동물을 기대하는 사람들은 분명히 실망할 테지만, 한편으로 그들은 클론이 괴물이 아니라는 점도 알아차리게 될 것이다. 복제 기술이 개와 고양이에게 적용되면 그 기술에 더 따뜻하고 부드러운 인상을 갖게 될 테고, 인간 복제가 이루어질지 모른다는 두려움은 훨씬 줄어들게 된다. 그 개념을 더 빨리 받아들이게끔 촉진할 수도 있다.

그 회사의 웹사이트(www.savingsandclone.com)는 애완동물 복제가 무엇인지 명확히 밝히고 있다. 클론은 원본과 똑같은 동물이 아니라고 나와 있다. 그리고 이런 말도 있다. "당신 동물의 유전적 자질이 너무나 특별하기 때문에 같은 자질을 갖고 새로 태어난 동물도 특별하다고 진심으로 믿는다면(설령 당신을 전혀 모르고 당신과 아무런 유대감을 지니고 있지 않더라도), 죽은 애완동물의 유전자를 보관하는 것이 당신이 할 수 있는 일인지 모릅니다."

애완동물과 사람은 유전자, 환경, 경험 등 복잡하고 미묘한 상호 작용이 빚어낸 특수한 관계로 맺어져 있다. 죽은 애완동물이나 죽은 사람을 부활시키거나 계속 곁에 두고 싶은 마음에 기존 생물을 복제하려고 필사적으로 애쓰는 사람도 일부 있다. 그들은 사람이나 개나 고양이를 복제하여 똑같지만 더 나이 어린 존재를 얻기 원한다. 이 꿈은 아놀드 슈워제네거가 주연한 영화 「6번째 날 *The 6th Day*」(인간 복제를 소재로 한 SF 액션 스릴러-옮긴이)에서 똑같은 애완동물을 만든 것이나 다름없지만, 둘 다 불가능하다. 그 영화에서 아놀드와 딸의 애완견은 원본의 정체성을 고스란히 갖도록 완전히 자란 형태로 복제된다.

초원의 동물들

돌리는 기존에 살았던 원본 동물로부터 복제되었지만, 그 양 자체를 고스란히 복사한 것은 아니다. 사실 돌리의 원본은 냉동된 젖샘 조직 덩어리 하나만 남긴 채 망각 속으로 사라졌다. 신원을 알 수 있는 동물의 체세포에서 복제를 할 때 좋은 점은 전반적으로 예측이 가능하다는 데 있다. 그래서 돌리는 우량 형질을 지닌 원본으로부터 동물을 복제하는 연구의 시발점이기도 하다. 우량 형질이란 암소라면 우유를 잘 만드는 것이겠고, 경주마라면 인내력과 속도가 해당된다. 나이가 다르긴 하지만, 원본과 클론 또는 클론들은 거의 상호 대체가 가능하다. 애완동물과 달리, 가축 클론은 사랑을 받기 위해서가 아니라 오로지 소비되거나 판매될 목적으로 만들어진다.

W. R. 그레이스 회사로부터 지원을 받아 일하는 위스콘신 대학의 과학자들이 1986년 핵 이식 기술로 소를 복제했을 때, 그들은 지극히 실용적인 목적을 갖고 있었다. 우량 동물들을 다수 만들어내는 것이 목표였다. 그들은 성체

세포가 아니라 초기 배아 세포를 사용했기 때문에, 그 결과 생긴 동물들의 형질을 미리 정확히 알 수는 없었다. 하지만 우량 가축에서 뽑은 배아들을 썼으므로, 우수할 것이라고 어느 정도는 예상할 수 있었다.

1994년 W. R. 그레이스는 아메리카 브리더스 서비스의 한 부문인 ABS 글로벌을 사모펀드(소수의 특정인을 대상으로 주식이나 채권 등을 매각하는 방식-옮긴이)에 매각했다. 3년 뒤 ABS 글로벌은 인피전(Infigen)이라는 작은 생명공학 회사가 되었다. 2000년 10월 그곳에서 연구하던 과학자들은 맨디라는 우량 홀스타인 젖소를 복제했다. 그 클론은 경매에 붙여져 8만 달러가 넘는 가격에 팔렸다.

나는 인피전을 방문했을 때, 들판에서 많은 복제 소들이 풀을 뜯고 있는 모습을 보았다. 나는 복제 양 떼와 복제 돼지 떼를 본 적이 있다. 그 가축들은 서로 그리고 정상적으로 태어난 동물들과 구별되지 않았다. 하지만 이 소들의 이마에는 독특한 반점이 나 있었다. 멀리서 보면 한 동물의 사진들을 다닥다닥 붙여놓은 것 같았다. 아주 기이한 광경이었다. 그래서 나는 사진을 찍어 달라고 부탁했다.

몇몇 연구실에서 무수한 시도 끝에 마침내 말을 복제하는 데도 성공했다. 우승한 경주마의 클론들은 대단히 가치

►소 클론들

있는 동물이 될 것이다. 이미 그들의 정자는 꽤 비싼 값에 팔리고 있다. 경마를 해서 벌어들이는 것보다 훨씬 더 많은 돈을 벌어들이기도 한다. 복제는 더 나은 투자가 될 수 있다.

경기장에 5년 전 우승마의 클론들로 우글거리는 그랜드 내셔널(Grand National)이나 켄터키 더비(Kentucky Derby) 경마를 지켜보면 기분이 어떨까? 우승마가 지닌 DNA는 핵 바깥, 즉 미토콘드리아에 있는 약 0.5퍼센트를 제외하면, 거의 똑같다. 경마에서는 이 작은 차이가 중요할지도 모른다. 미토콘드리아는 세포 내 소형 발전소이므로, 이것이 체력과 인내력의 미미한 차이를 설명해줄지도 모른다. 그 동물들은 각기 다른 환경에서 키워졌을 것이므로(자궁에서부터), 우리는 경마뿐 아니라 흥미로운 천성-양육 실험도 볼 수 있다. 그런 경주는 기수들의 능력을 비교 파악하는 엄격한 검사가 될 수도 있다. 한 가지는 확실하다. 결과를 예측할 수 있으므로 마권업자들은 가슴이 철렁할 것이다!

몇몇 나라에서는 스페인의 야생 염소인 부카르도 같은 멸종하기 직전의 종을 복제하려는 시도가 이루어지고 있다. 이런 실험들 중에는 다른 종의 난자와 대리모를 이용하는 것도 있으며, 그런 실험은 문제를 일으킬 수도 있다. 미국 회사인 어드밴스드 셀 테크놀로지는 희귀한 인도큰들소를 암소 난자와 암소 대리모를 이용하여 복제했다. 그들은 그 소에 노아라는 이름을 붙였다. 노아는 태어날 때 살아 있었지만, 이틀 만에 흔한 감염 증세로 죽고 말았다. 아마 기존 수단으로는 거의 번식을 시킬 수 없는 판다나 더 희귀한 종인 호랑이도 언젠가는 복제할 수 있을 것이다.

시계 되감기?

정해진 운명을 지닌 체세포로부터 복제된 돌리를 비롯한 포유동물들은 발생학적으로 볼 때 복제가 삽입된 세포핵을 다시 젊게 만든다는 것을 증명했다. 즉 젊음의 잠재력이 복원된다는 것을 뜻한다. 하지만 젊음 자체는 어떨까? 클론은 늙은 상태로 태어나는 것일까, 아니면 발생 시계와 함께 노화 시계도 되감기는 것일까? 그것을 알아내려면 어떤 식으로 실험을 설계해야 할까?

이런 질문들을 본격적으로 탐구하기 전에, 먼저 배경 지식이 필요할 듯하다. 체세포는 세포 분열을 통해 증식되고 보충된다. 생식 세포인 난자나 정자 및 모세포들과 달리, 체세포는 정해진 횟수만큼 분열한 뒤에 죽도록 프로그램 되어 있다. 정확히 몇 번인지는 세포의 종류에 따라 다른 듯하다.

우리 몸에 있는 각 세포 안에는 유전 물질, 즉 DNA를 담고 있는 염색체라는 구조물이 있다. 각 염색체의 끝에는 단백질 부호를 지니고 있지 않은 (즉 단백질을 만들지 않는) DNA 조각이 있다. 이 끝을 텔로미어라고 한다. 텔로미어는 구두끈의 끝자락이나 감긴 필름의 끝자락과 흡사하다. 체세포가 분열할 때마다 텔로미어는 짧아진다. 텔로미어의 끝이 염색체의 부호 영역이 닳아 없어지지 않을 정도로 남아 있는 한, 세포 분열은 계속된다. 하지만 결국 텔로미어가 너무 짧아지면 염색체의 중요한 부분이 손상되는 것을 보호할 수 없게 된다. 그 시점에서 세포는 분열을 멈추고 죽는다.

어린 클론 세포들의 텔로미어 길이가 원본 길이와 똑같을까? 생명공학 회사 어드밴스드 셀 테크놀로지에 몸담고 있는 과학자들은 그것을 알아낼 수 있는 실험을 고안했다. 그들은 늙은 세포로부터 소 24마리를 복제한 뒤, 그 송아지들의 텔로미어 길이를 측정했다. 그들은 연구 결과를 2001년 11월 23일 《사이언스》에 발표했다. 조사 결과 짧은 텔로미어를 가진 늙은 세포에서 텔로미어가 더 긴 복제 송아지들이 탄생한 것으로 드러났다. 클론은 오히려 정상적인 방식으로 태어난 송아지보다 더 젊은 세포를 갖고 태어났다. 적어도 세포 수준에서 보면 노화 시계는 되감긴 것으로 볼 수 있다.

복제 생쥐들을 대상으로 한 다른 실험에서도 텔로미어의 길이가 원본 세포보다 더 길어진 것으로 드러났다. 와카야마 테루히코가 이끄는 미국의 한 연구진은 생쥐를 6세대에 걸쳐 복제했다. 그들은 텔로미어에 무슨 일이 벌어지는지 알아보기 위해 클론의 클론을 만들었다. 그들이 《네이처》에 발표한 (어드밴스드 셀 테크놀로지(ACT) 논문보다 약 1년 뒤에 발표된) 논문을 보면, 텔로미어의 길이가 세대가 지날수록 조금씩 길어진 것으로 나타났다.

생쥐와 소를 대상으로 한 실험 결과는 동물 복제 전문

가들을 크게 안심시켰다. 성체 원본을 복제한 클론이 원본보다 더 나이가 많다면, 복제는 우량 가축을 증식시키는 수단으로서는 그다지 매력이 없다. 그리고 물론 그것은 인간 복제를 공격하는 또 하나의 윤리적 근거가 된다.

그렇다면 양은 어떨까? 돌리는? 돌리의 원본은 6년생 양이었다. 따라서 돌리가 빨리 노화할 것이라는 추측이 만연해 있었다. 게다가 일찍 관절염을 앓기 시작했다는 발표가 있자 더 그러했다. 그렇다면 돌리의 삶은 한 살부터가 아니라, 여섯 살부터 시작된 것일까? 돌리의 텔로미어 길이를 측정해보니, 같은 나이의 양들에서 예상할 수 있는 길이보다 40퍼센트 더 짧은 듯했다.

이렇게 다른 동물들과 전혀 다른 결과가 나온 것은 종에서 생기는 차이일 수도 있고, 키스 캠벨이 제시한 가능성인 실험 자체에서 비롯된 것일 수도 있다. 로슬린 과학자들은 돌리의 백혈구에 있는 텔로미어의 길이만 측정했다. 따라서 키스가 말했듯이, 돌리가 무언가에 감염되었기 때문에 그런 결과가 나왔을 수도 있다.

텔로미어의 길이는 세포 노화에서 표지 역할을 하므로, 과학자들은 그것이 생물 자체의 수명을 알려주는 표지도 될 수 있을지 오랫동안 궁금하게 여겨왔다. 동물이나 사람의 텔로미어를 길게 늘이면 기대 수명도 더 늘어날까? 흥미로운 가능성이지만, 현재로서는 그것을 뒷받침할 과학적 증거는 전혀 없다.

클론이 늙은 세포를 갖고 태어나는 것은 아닌 듯하지만, 클론 중에는 다른 면에서 비정상적인 것이 많다. 지금까지 복제된 모든 종의 클론들에서 심각한 기형이 나타났다. 유산, 사산, 조기 사망도 나타났다. 정상적으로 보이는 클론도 일부 태어났지만, 복제 과정에서 성공할 확률이 대단히 낮다는 점은 지금도 변함이 없다.

지금까지 살펴보았듯이, 난자의 세포질에 있는 인자들을 삽입한 핵 프로그램을 재설정하는 과정이 불완전하거나 부정확하게 일어나서 생긴 후성적인 결함이 기형의 원인일 가능성이 가장 높다. 배양 과정도 한몫을 할지 모른다. 복제로 태어난 새끼 양 중에는 자신을 주체할 수 없는, 즉 혈관이 정상보다 20배나 더 커서 피를 제대로 보낼 수 없는 것도 있었다. 검시를 해보니, 신장이 쪼그라들고 간 세포들이 분화하지 못해서 제 기능을 못한다는 것이 드러났다. 이런 결함은 빙산의 일각에 불과하다. 다른 종의 클론에게는 나타나지 않고 복제된 양에게만 나타나는 자손 비대 증후군은 인공 수정을 통해 태어난 양들에게서도 나타나긴 하지만,

클론에서 몸집이 훨씬 더 비정상적이다. 이런 기형의 출현 빈도와 심각성은 인간을 복제하려는 시도를 반대하는 강력한 논거가 된다. 우리는 그런 문제가 발생하는 원인을 이해하지 못하고 있을 뿐 아니라, 그것을 막을 능력도 없다.

단순히 증식을 위해 동물을 복제한다면 다양한 가능성이 열린다. 환상적이고 상상을 자극하는 가능성도 있고, 지극히 평범한 가능성도 있다. 미래에는 동물 복제 기술의 차별성이 훨씬 더 중요해질 것으로 보인다. 다른 종에서 얻은 하나 또는 그 이상의 유전자들을 이용한 유전자 변형 기술(유전자 도입법)을 복제와 결합시키면, 인간의 건강 측면에서 대단히 놀라운 전망이 펼쳐진다. 그 전망은 크게 두 가지 방향으로 생각해볼 수 있다. 하나는 이미 진행되고 있는 것으로서, 유전공학을 통해 소, 양, 염소, 토끼 등의 젖이나 피에서 가치 있는 단백질이 만들어지도록 하는 연구이다. 다른 하나는 돼지를 인간의 장기 이식에 적합한 장기 공급원이 될 수 있도록 변형시키는 것이다. 양쪽 다 1세대나 2세대 유전자 도입 기술을 이용하여 만들 수 있다. 2세대 기술이 등장하긴 했지만, 1세대 기술도 아직 적절히 쓰이고 있다.

제약

최초의 유전자 도입 동물은 생쥐였다. 1982년 한 동물의 유전자를 다른 동물의 배아에 이식하여 만들었다. 펜실베이니아 대학의 랠프 브린스터(Ralph Brinster)와 워싱턴 대학의 리처드 팰미터(Richard Palmiter)는 프랑스 과학 아카데미로부터 공로를 인정받아 그 기관에서 주는 최고의 영예인 찰스 레오폴드 메이어 상을 받았다. 1980년대에 마틴 에번스가 이끄는 케임브리지의 과학자들은 생쥐에 유전적 변화를 도입하는 독창적인 방법을 개발했다. 그들은 생쥐의 배아 줄기 세포를 이용했다. 줄기 세포는 다음 장에서 상세히 다룰 것이다. 지금까지 치료할 수 없었던 인간의 질병에 대한 치료법을 개발할 수 있는 놀라운 잠재력을 지니고 있다는 점도 언급하겠다.

로슬린 과학자들은 복제를 생각하기 오래전부터 유전자 도입에 관심을 갖고 있었다. 그들은 성공률이 들쭉날쭉한 단순한 기술을 이용하여 내가 1세대 유전자 도입 동물이라고 부르는 것을 만들어냈다. 외부 유전자를 직접 동물의 배아에 주입하는 것이다. 나는 2세대 유전자 도입 기술이라는 말은 복제 과정을 통해 가능해진, 정확하게 표적을 겨냥해 하는 유전자 변형을 의미하는 용도로 쓰고자 한다. 로슬린의 연구를 이런 관점에서 살펴보고 돌리가 어떤 위치에 있는지를 알아보기에 앞서, 근처 농장에서 풀을 뜯는 동물들보다 과학 소설 작가들의 짜릿한 상상에 더 가까이 다가가 있는 듯한 세 유전자 도입 동물들을 소개하겠다.

인류의 재앙 중 하나인 말라리아를 염소들이 막아줄 수 있을까? 아마 언젠가는 아주 특수한 염소 떼가 아프리카 대륙 전역에서 말라리아를 제거하기에 충분한 양의 백신을 제공할 수 있을지도 모른다. 과학자들은 말라리아 백신이 함유된 젖을 분비하는 염소를 만들었다. 그들은 치명적인 말라리아균에서 얻은 도입유전자를 염소의 배아에 주입해서 그런 염소를 만들어냈다. 그 도입유전자는 염소 젖샘에 있는 세포에서 발현되도록 설계되어 있었다. 세계보건기구는 매년 3~5억 명이 말라리아에 감염되며 100만 명이 사망한다고 추정한다. 1세대 유전자 도입 방법은 이런 용도로 사용된다.

염소가 수술 봉합실에서 방탄복에 이르기까지 다양한 용도로 쓸 수 있는 거미줄을 대량 생산할 수 있을까? 마찬가지로 대답은 그렇다이며, 방법은 유전자 도입이다. 캐나다에 있는 한 작은 생명공학 회사의 과학자들은 거미 유전자를 염소의 배아에 주입하여, 피브로인(fibroin)이라는 단백질이 함유된 젖을 분비하는 염소를 만들었다. 지방을 제거하고 나면, 그 단백질을 실로 자아낼 수 있다. 그 섬유는 강철보다 5배 더 튼튼하고 고무보다 더 탄력이 있다. 여기서도 1세대 방법이 유용하게 쓰인다.

소가 제약 공장이나 나아가 생물학적 무기를 중화시키는 역할을 한다면 어떨까? 미국과 일본의 한 공동 연구진은 사람의 면역글로불린 유전자를 넣은 유전자 도입 소를 복제했다. 면역글로불린은 면역계의 중심이 되는 피 속에 있는 물질이다. 대다수 유전자 도입 동물들은 오직 하나의 외래 단백질만을 만들도록 설계되어왔다. 반면에 이 소들은 우리 면역 반응의 원료라고 할 만한 것을 만드므로, 다양한 치명적인 병원체에 대항하도록 백신 접종을 하며 원하는 대로 면역 반응을 유도할 수 있다. 그러면 그 소들은 천연두, 탄저병, 보툴리누스 중독 같은 다양한 질병 치료에 쓰일 수 있는 항체를 다량 생산할 수 있다. 감염된 개인이나 집단에 그런 항체를 쓰면, 백신에 내재된 부작용의 위험과 백신이 효과를 발휘하기까지 걸리는 시간 지연도 피할 수 있다. 면역글로불린에서 유도된 항체들은 즉시 면역 반응을 일으킬 것이다. 이 인간 항체들은 보툴리누스 중독 치료에 특히 유용할 것으로 보인다. 아직 그것을 예방할 수 있는 백신이 없기 때문이다. 이 기술은 생물학적 방어 차원을 넘어선 잠재력을 지니고 있다. 이식 거부 반응, 백혈병, 자가 면역 질환 등 다양한 질병에 값싸고 충분한 치료법을 제공할 수 있다.

다시 로슬린으로

1987년 로슬린 연구소는 길 건너편에 있는 생명공학 회사인 PPL 세러퓨틱스와 협약을 맺었다. 그들의 목표는 의약용 단백질이 함유된 젖을 분비하는 유전자 도입 동물을 만드는 것이었다. 그들은 AAT(alpha-1-antitrypsin)라는 단백질에 주목하고 있었다. 낭포성섬유증(서양인에게 흔히 나타나는 유전성 질환으로 호흡과 소화 작용, 생식기관에 이상이 생긴다-옮긴이) 치료에 아주 유용한 단백질이다. 그 과학자들은 목표는 알고 있었다. 핵심 문제는 그 목표에 어떻게 도달하느냐는 것이었다.

돌리나 메건과 모랙이 로슬린 연구소에서 맨 처음 유명세를 탄 양은 아니었다. 동네에서이긴 했지만 먼저 유명세를 탄 양은 트레이시였다. 그 양은 거의 20년 전에 태어났다. 트레이시는 AAT를 다량 함유한 젖을 분비하는 것으로 유명했다. 그 양은 일을 할 능력을 갖추긴 했지만, 성공률이 낮고 신뢰하기 어려운 1세대 유전자 도입 기술의 산물이었다.

유전자를 동물 배아에 직접 주입하는 방식은 효율이 낮고 문제를 일으킬 수도 있다. 주입된 유전자가 유전체에 무작위로 삽입되므로, 핵심 유전자가 교란되어 배아가 죽을 수도 있다. 따라서 더 새롭고 나은 유전자 변형 방법을 찾아야 했으며, 이언 윌머트, 키스 캠벨, PPL의 공동 연구자들은 핵 이식이 그 방법이라고 보았다. 메건과 모랙을 탄생시킨 실험은 배양액에서 자란 세포들로 핵 이식을 할 수 있다는 것을 증명했다. 이미 분화하기 시작한 세포들로 말이다.

마지막 방법은 세포를 배양할 때 인간 유전자를 도입한 다음, 핵 이식으로 동물을 복제하는 것이었다. 그 과정은 기본적으로 돌리와 메건과 모랙을 복제하는 데 쓰인 것과 같다. 중요한 차이는 핵 이식이 이루어지기 전에 이식할 세포 핵에 유전적 변화를 일으킨다는 점이다.

로슬린 과학자들에게 복제는 동물들을 대량 생산하는 방식이 아니었다. 뿐만 아니라 한스 슈페만, 브릭스와 킹 같은 발생학자들이 생각한 것과 달리 체세포에 원래 신체 계획이 보존되어 있는지를 알아보는 수단도 아니었다. 그리고 인간 복제를 위한 예비 실험이 아닌 것도 분명했다. 이언 윌머트와 키스 캠벨에게 핵 이식은 단지 아주 실용적이고 상업적인 목적을 위한 수단이었다.

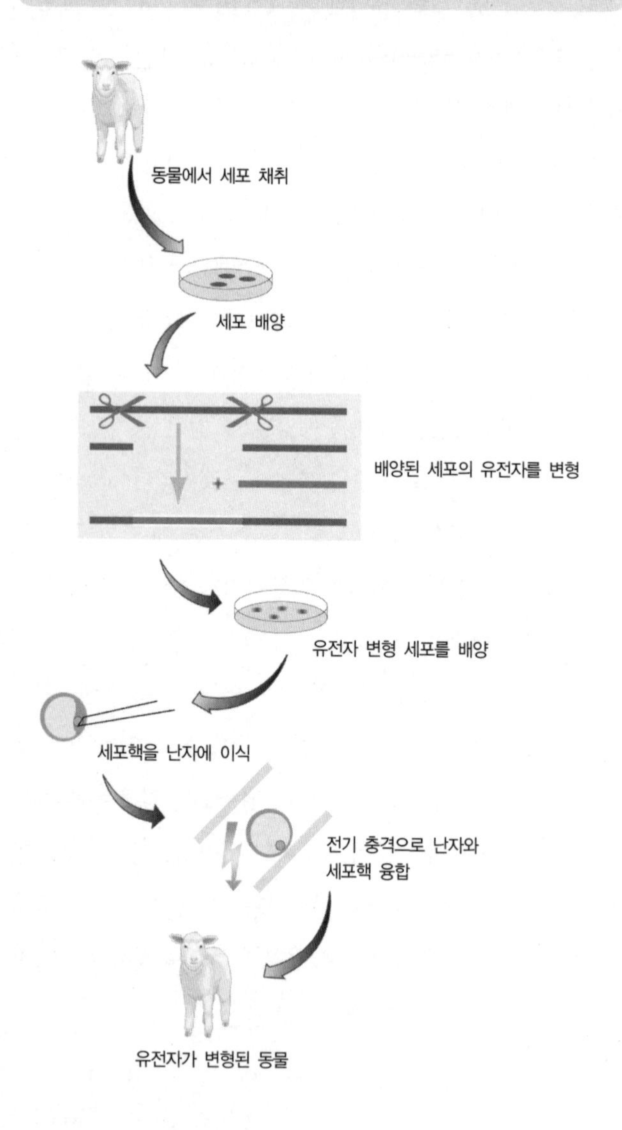
형질 도입 동물을 만드는 법
동물에서 세포 채취
세포 배양
배양된 세포의 유전자를 변형
+
유전자 변형 세포를 배양
세포핵을 난자에 이식
전기 충격으로 난자와
세포핵 융합
유전자가 변형된 동물

돌리는 두 가지 이유에서 로슬린 과학자들이 생각한 전반적인 전략과 동떨어진 존재였다. 유전자를 도입하지도 않았고, 성체 세포로부터 복제되었기 때문이다. 이언과 키스는 유전자 변형으로 쓰기에는 태아 섬유아세포가 더 적합하다고 믿었다. 반면에 돌리를 탄생시킨 젖샘 세포 같은 성체 세포들은 주로 우량 동물을 복제하는 데 유용할 듯했다.

세계를 뒤흔든 돌리가 로슬린 과학자들의 과학적 또는 상업적 전략과 무관한 존재라는 것은 대단히 역설적이다. 돌리는 복제 기술을 통한 유전자 도입이라는 길을 가기 위해 잠시 우회한 결과일 뿐이었다. 상업적인 관점에서 볼 때, 그들이 목표로 한 것은 전혀 다른 양이었다. 돌리보다 정확히 1년 뒤인 1997년 7월에 태어난 새끼 양 폴리가 바로 그러했다.

폴리는 배양할 때 유전자 변형을 일으킨 태아 섬유아세포에서 복제되었다. 진정으로 설계되었다고 할 수 있는 양인 폴리는 인간의 유전자 하나가 모든 세포에 들어 있었다. 이렇게 설계된 양은 우리에게 각종 약을 저렴하게 제공해줄 수 있다. 게다가 설계된 돼지는 더 나은 것을 제공할 수 있다. 바로 인간에게 이식하기에 적합한 장기이다.

► 폴리와 자매들

벽장 속의 돼지

돌리의 존재가 알려지자마자 곧 선정적인 신문들은 클론들이 벽장에 죽 보관되는 세상이 올 것이라는 식의 대담한 추측을 했다. 신체를 교체할 용도로 뇌가 없는 몸을 미리 만들어둔다는 것이다. 말할 필요도 없지만, 교체용 인간의 몸을 키우는 것을 이식용 장기 부족의 타개책으로 여길 사람은 아무도 없다. 하지만 인체가 아닌 다른 동물의 몸을 이용해 교체용 장기를 만든다는 것은 다른 문제이다. 벽장 속의 클론은 의학의 미래가 아니겠지만, 벽장 속의 돼지는 가능성이 있다. 두번째 범주에 속하는 유전자 변형 동물인 장기 이식용 돼지를 얻기 위해, 과학자들은 로슬린 과학자들이 나아간 길을 그대로 따라갔다. 그들의 놀라운 발견 행로를 따라가기 전에, 배경 지식을 어느 정도 아는 편이 좋을 듯하다.

이식에 필요한 인체 장기는 점점 더 부족해지고 있다. 반면에 외과 기술은 점점 발전하고 있다. 그 결과 이식이 가능한 부위들은 계속 늘어나는 추세다. 반면에 장기를 적출하기에 가장 적합한 상태로 죽는 사람들은 점점 줄어들고 있다. 오토바이 헬멧과 안전벨트 착용을 의무화하는 법률이 제정되고 두뇌 손상을 치료하는 기술이 발전하면서 장기를 제공하기에 가장 적합한 상태로 사망하는 사람들이 현저하게 줄어들었다. 즉 머리에 충격을 받아 갑자기 사망하는 젊고 건강한 사람들 말이다.

그래서 대안으로 떠오른 것이 이종 장기 이식이다. 이종 장기 이식은 한 종의 세포, 조직, 기관을 다른 종에 이식하는 것을 말한다. 동물의 신체 일부를 인간에게 접붙이는 다소 이색적인 시도는 17세기부터 이루어져 왔다. 당시에 개의 뼈로 어느 러시아 귀족의 부서진 두개골을 치료했다는 기록이 있다. 1920년대에 프랑스에서 연구를 하던 세르게 보로노프(Serge Voronoff)라는 러시아 과학자는 원숭이 고환 조각을 부유한 환자들에게 이식하여 일종의 비아그라 효과를 유도했다.

동물 장기를 인간에게 이식하려는 시도는 오래전부터 있어 왔다. 뇌사에 대한 기준이 마련된 것은 약 30년 전이다. 그 전까지는 기증자를 죽이지 않고서는 살아 있는 인간의 장기를 이식한다는 것이 불가능했다. 뛰는 심장이 멈출 때까지 기다린다면 너무 늦다. 심장이 멈춘 뒤에 떼어낸 기관들은 상태가 너무 나빠서 이식에 쓰기가 어렵다.

이종 장기 이식 논의에는 세 가지 근본적인 질문이 따른다. 인체에서 동물 장기가 제 기능을 할까? 우리 면역계가 거부하지 않을까? 병원체가 인간 숙주를 감염시키지는 않을까? 이식 때 나타날 수 있는 가장 큰 위험은 거부 반응이다. 몸이 그 장기를 외부 침입자로 판단하고 면역 반응을 나타낸다. 동물 장기는 같은 인간의 장기보다 거부 반응을 훨씬 더 강하게 일으킨다. 원숭이 같은 인간 이외의 영장류 장기도 인간의 장기보다 거부 반응을 더 강하게 일으키지만, 돼지 같은 더 먼 종의 장기는 그보다 훨씬 더 격렬한 거부 반응을 일으킨다. 이는 이른바 초급성 거부 반응(HAR, hyperacute rejection)이라고 한다. 그 장기는 몇 분 만에 시꺼멓게 부풀어 올라서 쓸모없는 덩어리로 변하고 만다.

비록 영장류가 인간과 유전적으로 더 비슷하므로 거부 반응을 일으킬 위험이 상대적으로 적다는 장점이 있긴 하지만, 영장류는 종간에 전이될 수 있는 질병을 지니고 있을 위험이 더 높다. 이모저모 따져볼 때 돼지가 훨씬 더 적합하다. 하지만 나중에 살펴보겠지만, 돼지의 장기를 인간에게 이식하면 바이러스에 감염될 위험이 있다. 돼지는 번식이 빠르며, 장기의 크기도 적당하고, 식용으로 키운 지 오래되었으므로 인간의 이익을 위해 돼지를 잡는다 해도 영장류를 이용하는 것보다 윤리적 논쟁이 일어날 소지가 더 적다. 그렇다 하더라도 영장류는 연구를 위해 여전히 필요하며, 영장류를 다루거나 죽일 때 인간적인 방식을 취하는 것이 중요하다. 물론 돼지 역시 인간적으로 대우해야 하며, 장기를 하나씩 차례로 빼내는 식으로 다루어서는 안 된다.

로슬린 연구소의 양과 마찬가지로, 돼지의 유전자 변형은 미세 주입술을 통해 배아에 인간의 유전자를 집어넣는 방식으로 시작되었다. 1992년 케임브리지에 있는 작은 생명

►여분의 장기들

공학 회사인 이뮤트랜(Imutran) 소속의 영국 과학자인 데이비드 화이트(David White)는 인간의 유전 물질을 돼지의 배아에 주입하여 최초의 유전자 도입 돼지를 만들어냈다. 그 유전자는 이식될 장기 표면을 인간의 단백질로 뒤덮어서, 인간의 면역계가 그것을 인간의 장기로 오인하게끔 하는 역할을 했다.

그 연구로 이뮤트랜과 소속 과학자들은 극단적인 동물권 옹호론자들에게 공격 표적이 되었다. 내가 데이비드와 그가 연구하는 돼지들을 보러 갔을 때, 그는 자기 사무실에 있었지만, 돼지들은 케임브리셔 시골의 비밀 장소에 숨겨져 있었다. 이뮤트랜은 철통같은 보안을 유지하고 있었다. 경비원들이 지키고 있었고 엄격한 신원 확인 절차를 거쳐야 출입할 수 있었다. 창문들은 모두 내부를 볼 수 없게 되어 있었고, 방탄 유리였다.

데이비드 연구진은 초급성 거부 반응을 극복하는 데에는 성공했지만, 해결해야 할 커다란 문제가 하나 더 남아 있었다. 변형된 돼지 장기를 이식한 원숭이들에게 급성 혈관 거부 반응(AVR, acute vascular rejection)이 일어나지 않도록 항생제를 독성에 가까운 수준으로 투여해야 했다. 급성 혈관 거부 반응은 초급성 거부 반응이 생기는 원인과 같은 문제가 덜 심각한 수준으로 나타나는 듯하지만 더 지속성이 있다.

이 두 가지 거부 반응이 나타나는 원인을 설명하는 가설 중 가장 설득력 있는 것은 그 반응이 a-GT(alpha-1, 3-galactosyltransferase)라는 효소를 만드는 돼지의 유전자 한 쌍(부계와 모계에서 하나씩)의 작용이다. 이 효소는 돼지 세포의 표면에 알파 갈락토오스라는 당을 붙인다. 포유동물의 장기는 표면이 알파 갈락토오스로 뒤덮여 있다. 인간과 구대륙 원숭이만 그렇지 않다. 그들은 진화 과정에서 그 효소를 잃었다. 그래서 인체는 당 피막이 있다는 것을 알아차리자마자 돼지의 장기를 거부한다. 인간의 유전자를 추가하면 거부 반응이 어느 정도 줄어들 수 있지만, 과학자들은 돼지 유전자를 아예 제거하여 문제를 완전히 해결하겠다는 희망도 품어 왔다.

다음 단계

양을 연구한 로슬린 연구자들이 그랬듯이, 돼지에게 정확한 유전자 변형을 일으키려는 과학자들도 먼저 핵 이식을 이용한 복제 기술에 정통해야 했다. 2000년 인피전의 과학자들은 이뮤트랜과 공동으로 최초로 돼지 복제에 성공했다는 논문을 발표했다. 곧 이뮤트랜은 북아메리카로 회사를 옮겼다. 여러 가지 이유가 있었지만, 북아메리카가 동물 연구에 더 우호적인 분위기가 형성되어 있다는 것이 주된 고려 사항이었다. 2000년 9월 이뮤트랜은 미국 회사인 바이오트랜스플랜트의 일부 부문과 합병하여 현재 이머지 바이오세러퓨틱스(Immerge Bio Therapeutics)라는 회사가 되었다. 바이오트랜스플랜트의 과학자들은 매사추세츠 종합병원의 이식 생물학 연구센터 소장인 데이비드 색스(David Sachs) 교수와 긴밀한 협력 관계를 맺고 연구를 해왔다.

색스는 20년 넘게 이른바 소형 돼지의 육종 연구를 해왔다. 그를 만나러 갔을 때, 나는 그 돼지의 몸집을 보고 깜짝 놀랐다. 이뮤트랜 돼지들은 보통 돼지보다 몸집이 4분의 1정도밖에 안 되었다. 그래도 몸무게는 100킬로그램이 넘었다! 그 돼지들은 몸집이 작기 때문에 인체용 장기 공급원으로 더 적합하다. 사람에게 이식할 수 있도록 유전자 변형 돼지 장기를 만들기 위해, 이뮤트랜과 이머지의 과학자들은 비록 목적은 달랐지만 로슬린 과학자들이 밟았던 것과 똑같은 세 단계를 밟았다. 인간의 유전자를 미세 주입하고, 복제를 하고, 마지막으로 핵 이식을 통해 정확한 유전자 변형이 이루어진 돼지를 만든다.

그들은 인간의 면역계가 더 잘 받아들일 수 있도록 하기 위해 인간의 유전자를 돼지에게 삽입했다. 이것이 데이비드 화이트가 한 연구의 핵심이었다. 그런 다음 그들은 핵 이식을 통해 돼지를 복제해야 했다. 그 일은 인피전에 있는 동료들이 맡아서 했다.

마지막 단계는 진정 대단한 성공이라고 할 만한 것이었다. 그들은 배양 중인 세포에 유전자 표적 기술을 이용하여 인간의 유전자를 넣는 대신에, 돼지 유전자를 제거하는 기술을 썼다. 그 일을 위해 그들은 핵 이식 기술로 소를 복제한 연구 성과를 맨 처음 발표한 과학자인 랜들 프래더와 공동 연구를 했다. 2001년 프래더를 주축으로 그들은 《사이언스》에 유전자를 제거한(knockout) 돼지 한 마리를 탄생시켰다는 연구 결과를 발표했다. 그리고 2002년 12월 PPL 세러퓨틱스 과학자들은 《사이언스》에 알파 갈락토오스를 만드는 유전자 한 쌍을 모두 제거한 돼지를 탄생시켰다고 발표했다.

바이러스 감염 위험

물론 유전자 변형 돼지 장기를 이식받을 대상자는 사람이다. 따라서 설령 거부 반응 문제가 해결되었다고 해도, 안전성이 과학적으로나 윤리적으로 주요 쟁점이 된다. 우선 바이러스 위험이 어느 정도인지가 제대로 파악되어 있지 않다. 1997년 런던 암 연구소의 로빈 와이스(Robin Weiss)는 《네이처 메디슨*Nature Medicine*》에 실은 논문에서 돼지의 생식 세포주에 수백만 년 동안 잠복해온 돼지 내생 레트로바이러스(PERV)가 다시 감염성을 띠게 되어, 배양되는 인간의 세포를 감염시킬 수 있다고 밝혔다. 그 바이러스는 유전체에 통합되어 있지 않기 때문에 퇴화하지 않는다. 핵 이식을 통해 가능해진 유전자 표적 기술을 이용하면 바이러스를 제거할 수 있을지도 모른다. 하지만 유전체에 레트로바이러스 사본이 많이 있기 때문에 쉽지는 않아 보인다.

이식 대상자들만이 아니라 주변 사람들을 포함한 일반인 전체의 바이러스 감염 위험을 고려해야 하기 때문에, 이식을 하기에 앞서 신중하게 이식 대상자에게 알리고 동의를 받아야 한다. 난치병에 걸린 환자들은 돼지 장기 이식의 위험성을 상대적으로 낮추어 보고 싶을지 모른다. 또 돼지 장기를 이식받는다는 데에 심리적 부담을 느낄 수도 있다. 돼지 바이러스에 대한 우려 때문에, 환자와 아마 가족까지도 평생을 보건 당국의 점검을 받으며 살아야 할지도 모른다.

넘어야 할 장애물이 아직 많긴 하지만, 언젠가는 돼지가 사람에게 장기를 제공할지도 모른다. 하지만 아예 우리 몸에 맞는 수선 장비를 만들어 이용한다면, 감염과 거부 위험을 피할 수 있지 않을까? 자신의 세포를 원료로 이용하여 건강한 세포와 조직, 나아가 장기까지 생산할 수 있지 않을까?

치료용 복제라는 그 전망과 줄기 세포 연구가 다음 장에서 이야기할 주제이다.

치료용 복제

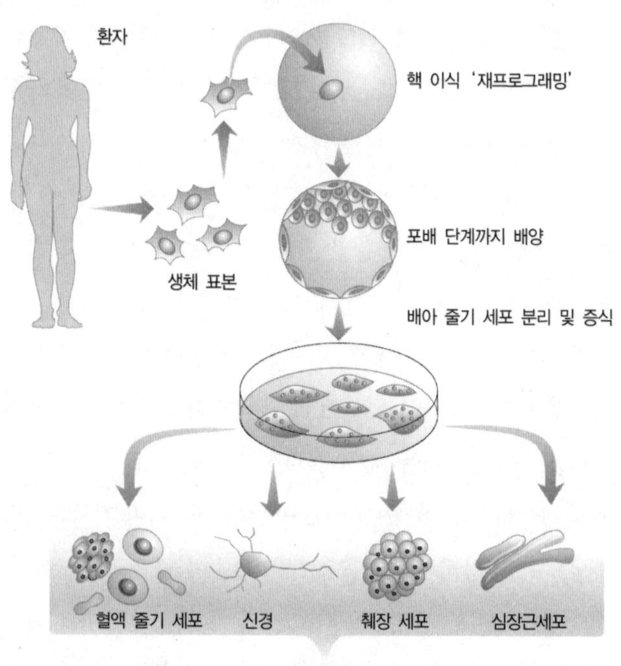

환자
핵 이식 '재프로그래밍'
포배 단계까지 배양
생체 표본
배아 줄기 세포 분리 및 증식
혈액 줄기 세포
신경
췌장 세포
심장근세포

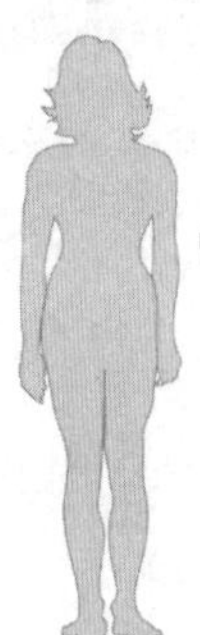

면역 거부 반응이 없는 장기 이식

4

자기 몸의 수선 장비 만들기: 치료용 세포 복제

일부 사람들은 윤리적인 이유를 들어 모든 형태의 배아 연구를 원칙적으로 반대한다. 하지만 우리는 줄기 세포 연구가 병을 앓고 있는 사람들의 삶에 도움을 줄 엄청난 잠재력을 지니고 있다는 점도 인정해야 하며, 그것은 그 연구를 옹호하는 강력한 윤리적 논거이기도 하다.

토니 블레어

존경하는 의원 여러분도 모두 한때는 배아에 불과했습니다. 생명이 잉태되는 순간에 말이지요.

에드워드 리, 게인즈버러 의원

이름이 어떻다는 건가요? 우리가 장미라고 부르는 것은

다른 이름으로 불러도 달콤한 향기가 날 거예요.

윌리엄 셰익스피어, 《로미오와 줄리엣》

나는 그 과정에 다른 이름을 붙였다면, 우리가 겪었던 곤경 중 상당수가 해소되었을 것이라고 믿는다. '치료용'이라는 단어가 조건으로 붙어 있다고 할지라도, '복제'라는 단어는 영국 대중의 등줄기를 오싹하게 만든다.

메리 워녹, 상원의원

오명?

그 말은 장미에는 타당하지만, 어떤 의학 기술에는 타당하지 않을 수도 있다. 워녹 남작 부인이 말했듯이, 복제라는 단어 자체는 대다수는 아닐지라도 많은 사람들에게 두려움과 반감을 불러일으키는 부정적인 의미를 달고 다니는 듯하다. 인간의 번식을 목적으로 핵 이식 기술로 복제를 한다고 말하면 틀림없이 그런 반응이 나온다. 의학적 용도로 쓴다고 해도 거의 마찬가지다. 언젠가는 환자의 성체 세포에 든 핵을 재프로그램하여 치료용 세포를 만들 수도 있다. 불행히도 생명을 구할 잠재력을 지닌 이 기술, 즉 치료용 복제는 단지 이름 때문에 치명적이라 할 만큼 오명을 뒤집어써 왔다. 사실 영국에서는 이런 부정적인 연상 작용을 피하고자 그 기술을 다른 이름으로 부르기도 한다. 세포핵 치환(CNR, cell nuclear replacement)이라는 이름으로 말이다.

이 기술이 장래 어떻게 전개될지 상세히 살펴보자.

우선 환자의 피부 등 조직 일부를 떼어내어 세포 배양을 한다. 이 성체 세포 중 하나에서 핵을 빼내어 본래 있던 핵을 제거한 난자에 집어넣는다. 그러면 난자의 세포질에 든 인자들이 성체 조직의 유전자 발현을 조절하는 인자들을 제거하여 핵 프로그램을 재설정한다. 어떤 의미에서 핵은 이런 인자들에 속아서 단세포 배아인 양 행동하는 셈이다.

그런 다음 약 5일 동안 배아가 포배 단계까지 발생하도록 놔둔다. 포배 단계가 되면 배아의 세포 수는 약 15개로 늘어나며, 크기는 모래 알갱이보다 약간 작은 정도가 된다. 이때쯤 안쪽 세포 덩어리라고 불리는 것에서 배아 줄기 세포(ES 세포)를 얻을 수 있다. 그 배아 줄기 세포를 배양해 계속 증식시키면 다른 모든 세포 유형으로 발달할 잠재력을 지속시킬 수 있다.

다음은 배아 줄기 세포가 그 세포 주인인 환자에게

필요한 종류에 맞는 세포로 분화하도록 한다. 필요한 세포들이 만들어지면, 그것들을 거부 반응을 유발하지 않은 채 환자의 몸속에 넣을 수 있고, 질병을 치료할 수 있게 된다. 줄기 세포가 무엇이며, 어떻게 작용하고, 어떻게 생명을 구하는 치료법을 제공할 수 있는지는 뒤에서 살펴보기로 하자.

개념적으로 치료용 복제는 우리가 이미 잘 알고 있는 한 과정과 아주 흡사하다. 자가 수혈이 그렇다. 몇 년 전 나는 선택적 수술을 받았다. 수혈이 필요해질 경우에 대비하여, 나는 약 0.5리터의 피를 뽑아두었다. 수혈이 필요했다면, 그 피를 다시 몸속으로 넣었을 것이다. 마찬가지로 치료용 복제가 가능해지고 내가 그것을 이용하여 혜택을 볼 수 있다면, 내게서 뽑은 세포들을 유전적으로 똑같은 다른 종류의 세포들로 변형시켜 다시 내 몸속으로 넣으면 된다.

치료용 복제는 두 단계로 이루어진다. 첫번째 단계에서는 이미 운명이 정해져 있고 특정한 기능만을 수행하도록 분화한 세포를 환자에게서 뽑아, 그것을 몸 전체를 재구성할 수 있는 능력을 다시 갖도록, 즉 단세포 배아가 되도록 만든다. 즉 분화를 역행시킨 뒤 재개시킨다. 이 단계는 번식용 복제의 첫 단계와 똑같다.

치료용 복제의 두번째 단계, 즉 배아 줄기 세포가 지

닌 잠재력을 실현시키는 단계도 분화와 관련이 있다. 이 원형 세포들을 특정한 방향으로 분화하도록 유도하여 치료에 필요한 종류의 세포들로 바꾼다.

치료용 복제로 얻은 배아 줄기 세포는 인공 수정을 하고 남은 배아 등 다른 방법으로 얻은 세포보다 장점이 대단히 많다. 복제된 배아로부터 얻은 배아 줄기 세포는 장기 이식에 따르는 재앙을 불러일으키지 않을 것이다. 면역 거부 반응 말이다. 복제된 배아가 원본인 환자의 분화한 세포들과 유전적으로 똑같은 것처럼, 줄기 세포도 유전적으로 똑같다. 이 줄기 세포들에서 분화한 세포와 조직도 유전적으로 같다.

따라서 장기 이식 거부 반응을 억제하는 독성이 강한 약을 투여할 필요가 없어지며, 감염과 암 위험 증가 같은 부작용도 없다. 과학자들은 세포핵 치환 외에 거부 반응 문제를 피할 다른 전략도 모색하고 있으며, 치료용 복제는 아직 실제로 사람에게 적용되지 않고 있다.

치료용 복제는 연구 단계부터 그것을 절실히 필요로 하는 환자들을 치료한다는 임상적인 목표를 표방하고 있지만, 지식 발전 측면에서도 대단히 가치 있는 일이 될 수 있다. 과학자들은 그 연구를 통해 핵 이식에 따르는 재프로그래밍 과정을 이해할 수 있으며, 언젠가는 배아 단계를 완전히 건너뛸 수 있을지도 모른다. 즉 파킨슨씨병에 걸린 존스의 뺨에서 세포를 떼어내 배아 단계를 거치지 않고 직접 치료에 쓸 뉴런(뇌세포)으로 바꿀 수도 있다. 혹은 스미스의 손상된 심장에 덧댈 심장근세포를 만들 수도 있다. 즉 과학자들이 재프로그래밍 과정의 비밀을 충분히 밝혀낸다면, 언젠가는 치료용 복제 자체도 필요 없어질지 모른다.

치료용 복제와 번식용 복제가 첫 단계는 비슷하다고 할지라도, 목적과 결과물 양쪽에서 보면 서로 전혀 다르다. 그런 차이점과 거기에 담긴 윤리적 의미들은 이 장의 끝부분에서 다루기로 하자. 이 장에서는 복제와 관련된 비유들을 살펴보고 치료용 복제의 존재 의의에 논의를 집중하자. 배아 줄기 세포가 보여주는 놀라운 전망에 말이다.

고통의 끝

줄기 세포 연구만큼 과학자들과 대중의 기대감에 불을 붙인 경이로운 의학 기술은 없을 것이다. 배아 줄기 세포는 아주 작은 초기 배아에서 생긴다. 이 세포는 모든 유형의 세포로 될 잠재력을 지니고 있으며, 따라서 질병이나 손상 때문에

제 기능을 못하는 조직을 얼마든지 대체할 수 있다. 그 세포들을 원하는 방향으로 발달하도록 이끄는 신뢰할 만한 성장 인자들을 찾아낸다면, 언젠가는 제 기능을 못하는 장기의 세포 하나하나를 대체하여 보수하고, 조직공학을 이용해 우리 몸의 장기 하나하나를 수선할 수 있다.

인간의 배아 줄기 세포는 어떤 비유를 떠올리게 한다. 소원을 들어주는 요정, 변신하는 카멜레온, 불로장수약 같은 것들 말이다. 게다가 그런 비유들은 딱 들어맞는다. 아직 많은 사람들은 이 세포들을 꿈속에서나 나올 법한 것으로 본다. 그것은 근원적인 세포이다. 젊음의 유연성이 절정에 달한 상태인 이 세포들은 초기 배아에서 나타나며, 배양 접시에서 영구적으로 살아갈 수 있다. 제대로 배양하기만 하면 계속 분열하고 성장한다. 과학자들은 이 세포들을 원하는 대로 다룰 수 있게 비밀을 풀고자 애쓰고 있다.

'슈퍼맨'을 열연한 미국 배우 크리스토퍼 리브가 더 이상 제 기능을 못하는 자기 몸에 갇혀 있는 모습을 보고 마음 아파하지 않을 사람은 없을 것이다. 그는 자동차 사고로 목 아래가 마비되었다. 그는 줄기 세포를 이용한 치료법이 조직 보수에 쓰일 것이며, 언젠가는 자신 같은 사람들이 다시 걸을 수 있도록 해줄 것이라는 믿음에 줄기 세포 연구를 적극

지지했다. 물리 치료를 집중적으로 받은 덕분인지, 그는 어느 정도 마비를 극복해내는 놀라운 성과를 이루어낸 듯도 했다.

그러나 안타깝게도 정치라는 전선에서는 시야가 훨씬 더 불투명하다. 미국은 다른 나라들에 비해 줄기 세포 연구가 뒤처져 있다. 줄기 세포를 이용한 치료법이 처음 시도될 나라는 아마 영국일 것이며, 리브가 치료를 받으려면 대서양을 건너야만 하는 충분한 이유이기도 하다(안타깝게도 크리스토퍼 리브는 2004년 10월 사망했다-옮긴이). 그는 회복되고 싶어하며, 아마 병들고 아픈 사람들은 모두 마찬가지일 것이다.

그를 비롯한 많은 사람들에게 희망을 준 열쇠는 핵심 예비 부품인 배아 줄기 세포이다. 추측에 불과하긴 하지만, 가장 낙관적으로 볼 때, 줄기 세포 요법들은 5~10년 안에 병원에서 쓰일 수 있을지도 모른다. 아마 처음에는 혈액 장애, 심장 근육 질환, 파킨슨씨병 같은 퇴행성 신경 질환 등에 쓰일 것이다.

발전은 연구에 쓸 지적 자원과 경제적 자원이 얼마나 있는가에 따라 크게 달라진다. 또 규제 환경도 중요하다. 정책은 연구를 촉진시킬 수도 있고(영국처럼) 질식시킬 수도 있다(지금까지 그래 왔으며 앞으로도 계속 그럴 것 같은 미국처럼).

줄기 세포의 과학

초기 배아에서 유래했든 성체에서 유래했든 간에, 줄기 세포는 두 가지 핵심적인 특성을 지니고 있다. 첫째는 조건이 제대로 맞으면, 오랜 기간 자체 번식할 능력을 지닌다(성체 줄기 세포라면 그 생물의 평생 동안). 둘째는 몸의 조직과 기관을 구성하는 특수한 세포들을 만들 수 있다는 점이다. 이 두번째 특성 때문에 줄기 세포는 몸의 다른 대부분 세포와 다르다. 피부, 근육, 간 같은 것을 이루고 있는 세포들과 말이다. 그런 세포들도 손상된 것들을 대체할 수 있지만, 대개 자신과 똑같은 세포만을 만들 수 있다.

과학자들은 대다수의 줄기 세포들은 만들 수 있는 세포의 종류가 한정되어 있다고 믿는다. 성체 줄기 세포는 모든 신체 기관에서는 아니지만, 꽤 많은 신체 기관에서 발견되었다. 분화 만능 세포는 모든 종류의 분화한 세포들을 만들 수 있는 데 반해, 성체 줄기 세포는 대개 단일한 분화 능력을 지니며, 한 종류의 분화 세포만을 만들 수 있다. 성체 줄기 세포들은 인간의 골수, 피, 눈의 각막과 망막, 뇌, 골격근, 이골 등에서 발견된다. 그들은 근육 세포의 수축이나 신경 세포의 신호 전달 같은 특수한 기능을 하는 세포들을 대체하고 보충하는 일을 한다. 신체 기관의 동네 수리 공장이라고 할 수 있다. 한편 골수 세포와 신경 줄기 세포는 다른 종류의 세포도 만들어서 손상을 입었거나 병에 걸린 신체 조직으로 보낸다는 것이 밝혀졌다.

그와 달리 만능 줄기 세포는 중배엽, 내배엽, 외배엽 세 가지를 모두 만들 수 있다. 이 세 배엽으로부터 몸에 있는 모든 세포들이 만들어진다. 현재 알려진 바로는 만능 줄기 세포를 얻을 수 있는 곳은 두 군데밖에 없다. 포배(약 5~7일 된 배아)와 원시 생식 세포(정자와 난자를 만드는 세포)가 그렇다. 최근에 간엽 줄기 세포(골수에서 추출)와 신경 줄기 세포 중 일부가 분화 전능성을 지니고 있는 듯하다는 연구 결과가 나온 바 있기는 하다. 사람의 몸에는 2백 종류가 넘는 세포들이 있으며, 배아 줄기 세포는 그것들을 모두 만들어낼 수 있다. 어떤 의미에서는 순서대로 만들어낸다고도 할 수 있다.

우리는 배아 줄기 세포가 어떤 잠재력을 지니고 있는지는 알고 있지만, 그 잠재력을 이용하는 법은 아직 알지 못한다. 사람의 배아 줄기 세포 연구는 이제 겨우 새로 등장한 분야이다. 그것은 1998년에야 시작되었다. 영국의 과학자들이 생쥐의 배아 줄기 세포를 분리해낸지 거의 20년 뒤에, 미국의 두 연구진이 선견지명이 있는 과학자 마이클 웨스트

(Michael West)의 지원을 받아 연구한 끝에, 인간의 만능 줄기 세포를 분리하는 데 성공했다는 논문 발표를 계기로 탄생한 분야이다. 그 뒤 매디슨에 있는 위스콘신 대학의 제임스 톰슨(James Thomson) 연구진이 남는 배아(인공 수정 후 남은)의 안쪽 세포 덩어리에서 인간의 배아 줄기 세포를 찾아내 그것들을 다섯 개의 영속하는 세포주로 배양하는 데 성공했다. 또 메릴랜드 주 볼티모어에 있는 존스홉킨스 대학의 존 기어하트(John Gearhart) 연구진은 6~9주에 낙태된 태아들로부터 얻은 원시 생식 세포에서 배아 줄기 세포를 분리해냈다.

곧 논문들이 이어지기 시작했다. 배아 줄기 세포만 발견된 것이 아니었다. 과학자들은 성체 줄기 세포도 카멜레온 같은 놀라운 능력을 지니고 있다는 것을 발견했다. 이런 세포들이 현재 맡고 있는 일 외에 다른 일도 할 수 있는 융통성을 지니고 있다고 믿은 사람은 아무도 없었다. 과학에서 종종 그렇듯이, 기존 지식은 새로운 깨달음 앞에 굴복하게 마련이다. 성체 줄기 세포들을 활용한 연구는 계속되고 있으며, 놀라운 가능성을 보여주고 있다. 그 세포들이 본래 하는 일에서도 그렇고, 예기치 않은 일에서도 그렇다.

성체 줄기 세포들은 본래 하는 일을 아주 잘 해낸다. 한 예로 신경 줄기 세포를 마비된 설치류의 척수에 주사하자

운동 능력이 회복되었다. 이 세포들은 본래 하지 않는 일도 할 수 있다. 비록 성체 줄기 세포는 이미 분화한 상태이고 따라서 아주 한정된 운명을 지닐 것이라고 예상하겠지만, 최근의 몇몇 연구들은 이런 분화를 되돌릴 수 있고, 한 종류의 성체 줄기 세포가 다른 종류로 바뀌도록 프로그램을 재설정할 수 있다는 것을 보여주었다. 특히 신경과 혈액 줄기 세포는 이런 유연성을 지니고 있다는 것이 드러났다.

《사이언스》에 실린 한 기사는 성체 줄기 세포가 지닌 재주를 야구 선수로 성공한 음악가 지망생에 비유하고 있다. 과학자들은 이런 세포들의 갈 길을 바꾸고, 운명을 되돌리는 방법을 연구하고 있다. 하지만 배아 줄기 세포는 그럴 필요가 없다. 과학자들은 그 세포들에게 본래 행동이 아닌 다른 행동을 하도록 설득할 필요가 없다. 단지 원하는, 즉 치료에 유용한 방향으로 나아가도록 유도하기만 하면 된다.

성체 줄기 세포도 몇몇 질병 치료법의 토대가 되기에 충분하다. 하지만 배아 줄기 세포와 비교했을 때, 성체 줄기 세포는 가령 뇌 속에 있는 등 접근하기가 어렵고 공급도 한정되어 있어서 사실 좀 떨어지는 듯하다. 모든 세포 유형별 줄기 세포가 다 발견된 것도 아니다. 또 노화하면서 유전적 손상(돌연변이)이 축적되었을 것이라고 예상할 수도 있다.

최근까지도 몸을 이루는 모든 종류의 세포로 분화할 능력이 있는 성체 줄기 세포가 있다는 증거는 전혀 나오지 않았다. 하지만 미네소타 대학의 과학자 캐서린 버페일리(Catherine Verfaillie)가 2002년 6월 《네이처》에 발표한 논문에는 인간, 생쥐, 쥐의 골수에서 아주 희귀한 유형의 성체 줄기 세포를 분리해냈다고 나와 있다. 이 세포들은 배아 줄기 세포처럼 배양기에서 무한정 증식시킬 수 있었으며, 생쥐의 것을 생쥐의 배아에 주입하자, 거의 모든 종류의 세포로 분화했다.

버페일리 교수가 발견한 세포들이 얼마나 많은 잠재력을 지니고 있는지는 계속 연구가 이루어지고 있지만, 대다수 과학자들은 그 세포들이 배아 줄기 세포만큼의 융통성을 지니고 있지는 않을 것이라고 생각한다.

과학자들이 환자의 성체 줄기 세포를 질병이나 손상을 치료하는 데 필요한 세포로 바꿀 수 있다면, 치료용 복제를 할 필요 없이 자신의 몸을 수선할 장비를 갖출 수 있을 것이다. 그렇게 되려면 해결해야 할 일들이 많다. 우리는 아직 길고 대단히 짜릿한 여행의 출발점에서 벗어나지 못한 상태이다. 과학의 관점에서 볼 때, 연구는 모든 방향으로 진행되어야 한다.

줄기 세포로부터 병원으로

지금까지 대중은 윤리적 위험만을 우려했지만, 과학적 위험도 있다. 줄기 세포는 정말로 아주 까다롭다. 그것은 제멋대로 변신할 수 있다. 한 배양 접시에서 작은 돌기, 털 뭉치, 고동치는 심장 세포가 동시에 생길 수도 있다. 줄기 세포 연구가 넘어야 할 장애물들은 무수히 많다. 우리는 배아 줄기 세포들에게 우리가 원하는 세포로 변신하는 법을 가르쳐야 할 뿐만 아니라, 우리가 원하지 않는 세포로 변하는 것을 막아야 한다. 병을 치료하려다가 오히려 더 큰 문제를 만들지 않도록 말이다.

우리는 끝이 정해져 있는 변신을 원한다. 즉 한 종류의 세포를 안정적으로 생산하는 변신 말이다. 우리는 새 심장 세포가 갑자기 방향을 바꾸어 간 세포가 되는 일이 일어나지 않기를 바란다. 신경 세포가 갑자기 뼈 세포로 변하고, 간 세포가 신경 세포로 변하는 일이 일어나기를 원하지 않는다. 이식한 뒤에 그렇게 세포의 운명이 바뀐다면 단지 기이한 일 정도로 끝나지는 않는다. 그것은 치명적인 결과를 빚어낼지 모른다. 그렇게 세포가 이식 후에 다시 변신을 시작한다면, 세포를 죽이는 자살 유전자를 삽입하는 것과 다르지 않다.

스파이가 믿고 쓰는 시안화칼륨 캡슐과 다를 바 없다.

줄기 세포를 이용한 치료법을 실제 병원에서 쓸 수 있으려면, 먼저 그 세포들이 병원체에 오염되지 않았고, 다른 종류의 세포들이 끼여 있지 않다는 것을 보여주어야 한다. 연구자들은 처음에는 인간의 배아 줄기 세포를 생쥐 세포로 이루어진 영양 세포층을 이용하여 배양했다. 그런데 생쥐 세포의 DNA에는 레트로바이러스(RNA 속에 유전 정보를 가지고 있는 동물 바이러스-옮긴이)가 들어 있기 때문에 그 바이러스가 섞여들 위험이 있다. 따라서 2002년에 생쥐 세포를 이용하지 않고 배아 줄기 세포를 배양할 수 있는 방법이 발견된 것은 임상 응용에 중요한 의미를 지닌다.

치료한다고 해서 배아 줄기 세포 자체를 직접 이식한다는 뜻은 아니다. 그것은 원료이지, 최종 산물이 아니다. 배아 줄기 세포는 두 가지 측면에서 암 세포와 아주 비슷하다. 원래 있던 신체 기관을 이루는 정상 세포들보다 덜 분화한 상태, 더 원시적인 상태로 변했다는 점과 통제되지 않은 채 자란다는 점에서 그렇다. 줄기 세포 요법이 임상 단계에 접어들 때는 아주 신중을 기해야 하며, 실제 그런 조치들을 취해야 한다.

아마 그 치료법이 맨 처음 적용될 질병은 파킨슨씨병

일 확률이 높다. 현재 그 병은 신체 및 심리적으로 엄청난 피해를 끼치고 있다. 미국인 중 약 50만 명이 파킨슨씨병에 걸린 것으로 추정되며, 매년 약 5만 명씩 새로운 환자가 나타나고 있다. 영국에는 약 12만 명의 환자가 있는 것으로 추정된다. 환자의 가족까지 포함시키면, 두 나라에서 각각 약 400만 명과 100만 명이 그 병으로 고통을 받고 있는 셈이다. 그들은 하루하루 이 끔찍한 병에 시달리면서 살아간다. 약물 치료로 차도가 보일 수도 있지만, 대개 효과가 오래 지속되지 못한다. 그 병은 환각, 제멋대로 움직이는 몸, 갑작스럽고 예기치 않게 찾아오는 잠 같은 흔한 부작용을 수반한다.

1980년대에 파킨슨씨병 환자의 뇌 속에 태아 세포를 주입하는 수술이 개발되었으나, 영국에서 환자들이 실제로 그 수술을 받게 된 것은 10여 년이 더 흐른 뒤였다. 한 환자에게 4~10명분의 태아 세포가 필요하며, 필요한 태아의 수와 시술 비용이 너무 많이 들기 때문이었다. 미국에서는 그 수술이 더 일찍부터 이루어졌지만, 처음에는 윤리적, 그 다음에는 과학적 논란이 벌어졌다.

심장병도 줄기 세포 요법이 적용될 가능성이 높다. 이식에 필요한 인간 심장이 부족한 것은 어쩔 수 없는 현실이다. 이것이 바로 앞장에서 말한 이종 장기 이식 연구가 시작된 동기이기도 하다. 유혹을 느낄 만한 방법이 하나 더 있다. 배아 줄기 세포를 이용하여 심장근세포, 즉 우리 심장을 계속 뛰게 하는 근육 세포를 만드는 것이다. 그러면 심장의 기력이 다하기 전에, 그렇게 만든 세포들로 쇠약한 심장을 땜질하면 쇠퇴를 막을 수 있을 것이다. 그렇게 되면 이식용 인간 심장이 점점 덜 쓰일 것이고 나중에는 아예 필요 없어질 것이다.

병으로 고통받는 사람들은 아주 많으며, 그 고통을 줄여야 한다는 것은 분명히 윤리적 명령이다. 하지만 배아가 관련되면 어떨까? 배아 연구를 수행하는 것이 윤리적일까?

새로운 윤리적 존재: 배양 접시 속의 배아

기어하트와 톰슨이 줄기 세포에 관한 논문을 발표하기 약 2년 전에, 케임브리지 대학의 에드워즈와 스텝토는 최초의 시험관 아기인 루이스 브라운을 세상에 내놓았다. 또 그들은 새로운 생물학적 및 윤리적 존재를 우리에게 안겨주기도 했다. 체외에서(배양 접시에서) 발생하는 초기 배아를 선보인 것이다.

인공 수정의 도움을 받지 않은 채 체내에서 생기는 초기 배아 중에는 설령 대부분은 아니라 할지라도 그냥 죽어 나가는 것이 많다. 우리 눈에는 보이지 않지만 말이다. 그런 일들은 우리가 알아차리지 못하는 상태에서 일어난다. 하지만 체외에서 발달하는 초기 배아들은 전혀 다르다. 그것들은 관찰되고, 조작되며, 나중에 쓰기 위해 냉동된다. 아마 가장 논란의 여지가 많은 부분은 착상시킬지 여부를 의사가 결정할 수 있다는 사실이다. 의사들은 이 배아들을 갖고 어떤 일을 할 수 있을지 알고 있었다. 하지만 거기에 어떤 의무가 따를까?

루이스가 탄생한 지 4년 뒤, 영국에서는 안전성을 확보하고 기술의 효율성을 높여야 할 과제를 안고 있는 보조 생식과 배아 연구를 둘러싼 현안들을 다룰 워녹위원회가 설치되었다. 최근에 메리 워녹(Mary Warnock)이 말했듯이, 배아의 윤리적 지위 논의는 대개 생명이 언제 시작되는가라는 물음 형태를 취하지만, 그 질문은 잘못되었다. 배아가 윤리적으로 중요해지는 때가 언제인가라고 묻는 것이 더 옳다. 초기 배아는 신생아와 똑같은 권리를 가진 인간인가, 아니면 다른 세포나 조직에 더 가까울까? 체외에 있는 배아와 자궁에서 자라고 있는 태아는 윤리적 지위가 서로 다를까?

생명의 탐구

위원회는 2년 뒤 〈생명의 탐구*A Question of Life*〉라는 보고서를 내놓았다. 보고서를 토대로 6년 뒤인 1990년 영국의 인간 수정 및 배아법이 제정되었다. 그 법은 기증된 수정란을 이용한 배아 연구와 보조 생식을 규제 대상으로 삼았다. 위원회의 주요 결론은 비록 초기 배아가 마땅히 누려야 할 윤리적 지위를 지니고 있긴 하지만, 그 지위가 절대적인 보호를 받지는 못한다는 것이었다. 즉 초기 배아는 사람으로 간주될 수 없다. 따라서 우리가 사람에게 지는 도덕적 의무가 그대로 적용되지는 않는다. 배아 연구는 허용되어야 하지만, 배아가 발생 14일째에 들어서서 원시선이 나타나기 전까지만 그렇다. 그때부터 배아의 신체 계획이 이행되기 시작한다. 그 한 가지 결과가 신경계의 형성이다.

인공 수정은 지금도 성공률이 낮기 때문에, 잉여 또는 여분의 배아를 만들어두는 것이 필수적이다. 그 배아들은 5년에서 10년까지 보관되며, 생식에 쓰이거나 연구용으로 기증되지 않는다면, 폐기해야 한다. 오로지 연구 목적으로 배아를 만들 수도 있지만, 그런 경우는 극히 드물다. 법이 제정된 뒤로 12년 동안 연구 목적으로 만든 배아는 고작 100여

개에 불과했다.

인간 수정 및 배아법은 인공 수정, 선천적인 질병, 유산, 피임, 염색체 이상 진단 등의 목적으로 배아를 연구하는 것을 허용했다. 그리고 법이 시행된 지 11년 뒤인 2001년 영국 의회는 난치병 치료법을 개발하는 목적으로 배아 연구를 할 수 있도록 추가 허용했다. 당시 의회에서는 그 연구로 혜택을 볼 수 있는 난치병 환자들을 대상으로 청문회가 열렸다. 그들이 내세운 윤리적 논거는 초기 배아가 절대적으로 존엄하다고 역설하는 측의 주장을 압도했다. 그 결과 영국에서는 배아 줄기 세포 연구가 계속되어왔다.

냉소적인 과학?

영국과 미국 대중의 대다수는 초기 배아가 절대적으로 존엄하다고는 믿지 않는다. 하지만 잉태한 순간 생명이 시작되며, 따라서 혜택이 있든 없든 간에 모든 배아 연구는 잘못되었다고 믿는 소수의 열성적인 반대론자들도 있다. 유럽 국가들에서도 그런 견해에 동조하는 사람들이 있다. 대서양의 양편에서 낙태 반대론자들은 윤리적인 사례 외에 과학적인 사례를 제시하려는 시도도 가끔 한다. 버페일리 논문이 발표되기 오래전, 대중 논쟁 초기에는 그들도 성체 줄기 세포의 가치를 찬양했다.

그것은 아주 탁월한 전략이었다. 윤리 문제와 관련된 정치적 대의나 노선을 주장하다가 완강한 반대에 부딪혔을 때 선택할 수 있는 대안은 두 가지뿐이다. 하나는 한정된 청중들에게만 호소력을 지닌 윤리적 주장을 계속 펼치는 것이다. 이미 동의를 했거나 적어도 말이 먹힐 만한 사람들을 대상으로 말이다. 아니면 그다지 널리 받아들여지지 않은 도덕적 종교적 신조들을 대안처럼 보이도록 과학 이론으로 위장하는 것이다. 과학 용어와 개념들을 충분히 넣어 짜깁기한다면, 줄기 세포는 다 똑같다는 말이 옳은 것처럼 들린다. 예를 들어, 성체 줄기 세포든 배아 줄기 세포든 똑같이 전망이 엿보인다는 식으로 말이다. 하지만 그런 주장은 잘못됐다.

배아 연구 반대론자들이 내세우는 주장은 윤리적 주장들을 과학적 사실들을 토대로 전개한다는 점에서 워녹 보고서와 인간 수정 그리고 배아법의 기반이 된 도덕적 분석과 비슷해 보일지 모르지만, 중요한 차이점이 있다. 성체 줄기 세포가 배아 줄기 세포만큼 좋거나 더 낫다고 주장하는 사람들은 수많은 과학적 증거들에 반하는 주장을 펼친다는 사실이다.

그와 대조적으로 발생 14일경에 원시선이 생긴다는 것은 논란의 여지가 없는 과학적 사실이다. 일단 인공 수정의 장점과 도덕성이 받아들여지자, 그 과정을 이해하고 개선하려면 배아 연구가 필요하다는 것이 분명해졌다. 따라서 어딘가에서 선을 그어야 했다. 실험실에서 태아를 키워 실험하겠다는 것을 승인할 사람은 아무도 없다. 그래서 원시선의 형성이라는 과학적 사실을 근거로 삼아 발생 14일째를 윤리적 기준으로 설정하게 된 것이다.

여분의 배아

우리는 윤리 문제로 돌아가서 이런 질문에 대답해야 한다. 배아 줄기 세포 연구를 이끄는 새로운 치료 목표가 인공 수정이라는 생식 목표에 적용되어온 도덕적 기준에 변화를 가져올까? 나는 아니라고 믿는다. 배아 줄기 세포 연구에 제기된 윤리적 문제들은 이미 인공 수정 분야에서 다루어진 문제들과 다르지 않다. 배아 줄기 세포는 이른바 잉여 배아로부터 얻을 수 있다. 인공 수정이 이루어지고 나면 이 배아들은 남는다. 필요가 없거나 원하지 않는다면, 이 배아들은 냉동 보관되다가 결국 폐기된다. 미국에서만 약 40만 개의 배아가 보관되어 있는 것으로 추정된다.

따라서 결코 태어나지 못할 배아들을 적절한 동의를 거쳐 확보한 뒤에, 고통을 줄이고 더 나아가 생명을 구하는 데 쓰지 못할 이유가 있을까? 즉 배아들을 배아 줄기 세포를 얻는 데 써서는 안 될 이유가 있을까? 나는 배아가 사람이라고 믿지 않으며, 잉여 배아는 착상되지 않을 것이므로, 그것들을 이용하여 배아 줄기 세포를 얻는 것이 도덕적으로 옹호될 수 있을 뿐 아니라, 도덕적으로 요청된다고 믿는다.

이런 배아 공급이 치료용 복제보다 도덕적으로 우월한 대안이라고는 보는 사람들이 많지만, 나는 그렇게 생각하지 않는다. 인공 수정과 치료용 복제 모두 환자의 이익을 위해 배아를 만들고 희생해야 한다. 인공 수정에서는 자신의 유전자를 지닌 아이를 얻기 위해서이고, 치료용 복제에서는 난치병을 치료하기 위해서이다. 후자의 목적도 전자의 목적만큼이나 건전하다. 치료용 복제에서는 처음부터 배아가 파괴된다는 것을 알고 있지만, 내가 볼 때 그 사실이 도덕적으로 중요한 차이를 낳는 것은 아니다. 이런 모든 사항을 염두에 둘 때, 인공 수정은 받아들이고 치료용 복제는 거부하는 행동은 지적으로나 도덕적으로나 일관성이 없어 보인다.

법의 역할

법과 규제는 과학을 방해하거나 심하면 옥죌 수도 있고, 반대로 과학을 번성하게 만들 수도 있다. 줄기 세포 연구보다 이런 양상이 더 뚜렷하게 나타나는 분야는 없을 것이다. 과학 및 정책 측면에서 볼 때는 배아 줄기 세포를 어디에서 얻는가가 중요한 의미를 지닌다.

오스트레일리아와 네덜란드 같은 나라는 잉여 배아를 이용하는 것을 허용하지만, 치료용 복제는 잠정적으로 금지하고 있다. 핀란드도 잉여 배아 연구를 허용한다. 독일에서 배아 보호법은 배아 연구를 전면 금지하고 있지만, 2002년 6월 이전부터 존재했던 인간 배아 줄기 세포를 수입하는 것은 허용한다. 프랑스, 벨기에, 아일랜드, 캐나다에는 줄기 세포 연구로 제기된 도덕적 정책적 현안들을 조사하는 위원회가 설치되어 있다. 아시아는 서양보다 전반적으로 규제가 덜 엄격하다. 영국은 엄격한 규제 기준을 설정해놓고 두 방법을 다 허용하고 있다. 영국은 20년 넘게 이런 현안들을 다루어왔으며, 그 역사 속에 줄기 세포 연구의 과학적, 규제적, 윤리적 측면이 고스란히 담겨 있다. 따라서 이 장에서는 그 이야기가 중심이 되고 많은 지면을 차지한다.

미국은 여전히 시끌시끌하고 불확실한 상황에 놓여 있다. 이브라는 복제 인간을 탄생시켰다고 클로네이드가 발표하자 극심한 우려의 목소리가 나오기 시작했고, 번식용 복제와 치료용 복제를 둘 다 금지하라는 운동이 벌어졌다.

미국의 정치가들은 자신들이 오랫동안 피해왔던 영역으로 아주 조심스럽게 걸어 들어가는 중이다. 거의 30년 동안, 미국 정치가들은 낙태 문제를 절대 손을 대서는 안 되는 것으로 간주해왔다. 지하철의 전력 공급선처럼 그것에 손을 대면 죽게 된다는 것이었다. 그래서 정치인들은 보조 생식 분야를 아예 연방 국가 차원에서 규제하지 않는 상태로 놔두었다. 하지만 1994년부터는 배아 연구에 연방 예산 지원을 금지하고 있다.

윤리적 체조?

기어하트와 톰슨의 논문이 발표된 뒤, 줄기 세포 연구를 옹호하는 측은 금지 조치를 우회하고 배아 줄기 세포 연구를 예외 사례로 만들 방법을 찾았다. 그들은 법의 허점을 이용했다. 배아 줄기 세포는 배아의 중요한 특징을 지니고 있지 않았다. 즉 그것은 그 자체로는 인간이 될 수 없었다. 이 법 해석에 따르면, 누군가 연방 연구비를 지원받지 않고서 배아로부터 줄기 세포들을 얻었다면, 그 줄기 세포를 연구하는 것 자체는 금지 조치를 위반하는 것이 아니다. 독일에서도 똑같은 해석이 받아들여졌다.

반대론자들은 모든 형태의 배아 줄기 세포 연구를 금지하라고 주장했지만, 이번에는 그에 못지않은 열정을 지닌 정치적 반대 세력이 있었다. 줄기 세포 연구가 내놓을 치료법밖에 희망이 없는 각종 질병에 걸린 사람들을 대변하는 환자들의 압력 단체가 그랬다. 클린턴 대통령은 두번째 임기가 끝나갈 무렵, 줄기 세포 연구를 허용하고 옹호자들의 법적 해석을 받아들였고, 국립보건연구소(NIH)에서 연구 지침이 마련되었다.

그 뒤 새로 집권한 부시 행정부는 지침을 재검토하라고 요구했다. 하지만 잇따른 여론 조사 결과는 미국인들이 배아 줄기 세포 연구를 계속 진행하기를 원한다고 나왔다. 유타 주의 공화당 소속 상원의원인 오린 해치(Orrin Hatch) 같은 영향력 있는 완고한 낙태 반대주의자조차도 자궁 속에 있는 태아와 배양 접시에 있는 초기 배아가 다르다는 견해를 밝혔다. 그러자 부시 대통령은 몇 달 동안 윤리적 문제를 곰

곰이 검토한 끝에, 2001년 8월 독자적인 계획을 내놓았다. 의회의 승인을 받을 필요가 없는 계획이었다. 그는 국립보건 연구소의 과학 정책국이 파악한 기존의 배아 줄기 세포주 약 60개에만 연방 기금 지원을 허용하기로 했다. 더 이상 줄기 세포를 얻겠다고 배아를 파괴하지 말라는 것이었다. 물론 부시의 계획에도 불구하고 민간 부문에서는 배아로부터 계속 줄기 세포를 얻을 수 있었다. 하지만 공공 부문에서는 그런 연구가 불가능해지지는 않았다 할지라도 심하게 위축되었다.

미국에는 연구의 장애물이 또 하나 있다. 위스콘신 대학에 주어진 포괄적인 특허권이 그렇다(제임스 톰슨이 연구한 곳이다). 대통령의 결정이 있은 뒤, 그 특허권을 관리하는 대학 재단은 학계의 과학자들과 공동 연구를 하려고 시도했으나, 톰슨의 연구를 지원한 회사인 게론(Geron)에 소송을 걸어 이기지 않고서는 그런 연구를 할 수 없다는 것을 깨달았다. 세포주를 분양하려는 계획을 게론이 방해를 했기 때문이다. 그 분쟁은 타결되었지만, 지적 재산권 문제와 접근 제한은 연구를 가로막고 좌절시킬 가능성을 여전히 지니고 있다.

연방 연구비 지원을 받을 수 있는 세포주는 현재 10개 정도밖에 남아 있지 않은 것으로 추정된다. 그 정도로는 생산적인 연구를 하기가 어렵다는 우려가 과학자들 사이에

팽배해 있으며, 점점 더 커져가고 있다. 새로운 배아 줄기 세포를 만드는 데 연방 연구비를 지원하지 못하도록 한 조치가 철회되지 않는다면, 미국 과학자들은 내일의 세계에서 어제의 기술에 얽매여 있게 될 것이다.

단적으로 말해서, 연방 연구비 지원을 받을 수 있는 세포주는 모두 생쥐 세포로 된 영양 세포층에서 배양된 것들이다. 따라서 세포주를 임상용으로 쓰기에 부적합하다. 2002년 아리프 봉소(Ariff Bongso)가 이끄는 싱가포르 연구진은 생쥐의 영양 세포층 없이 배아 줄기 세포를 배양할 수 있다는 논문을 발표했다. 하지만 그 세포주들은 2001년 8월 이후에 얻은 것이므로, 연방 연구비를 받는 미국 연구자들은 세포주를 이용할 수 없다.

미국에서는 치료용 복제의 미래도 불확실하다. 부시 대통령이 줄기 세포 연구 지원에 관한 결정을 내리기 2주 전에 하원은 이런 세포들을 얻는 한 가지 수단을 검토한 바 있었다. 치료용 복제였다.

하원은 잘 알지도 못하는 상태에서 짧게 논의를 한 뒤에 번식용 복제와 치료용 복제를 모두 불법화하는 법안을 통과시켰다. 미국에서 법이 효력을 발휘하려면 하원과 상원을 모두 통과한 다음 대통령의 서명을 받아야 한다. 상원에는 아주 탁월한 타협 법안이 제출되었지만 부결되었고, 새로 구성된 상원에서는 공화당이 다수를 차지하고 모든 형태의 복제에 반대하는 장기 이식 전문의인 빌 프리스트(Bill Frist)가 여당 원내 총무이므로, 치료용 복제 금지 법안이 통과될 가능성이 있다. 새 회기가 되자 하원은 다시 전면 금지 법안을 통과시켰다. 국제연합의 미국 대사는 미국의 정책을 전 세계로 확대시키기 위해, 모든 형태의 복제를 금지시키는 국제법을 제정할 것을 요구해왔다.

클로네이드가 세계의 어딘지 모를 실험실에서 인간 복제를 했다는 이야기가 전면 금지를 요구하는 사람들의 열기를 부추기겠지만, 치료용 복제에 주로 애써온 영국은 번식용 복제 이외의 것까지 포함하는 포괄적인 금지 법안에 서명하지 않을 것이 확실하다. 또 영국은 유럽 의회가 내놓은 배아 줄기 세포 연구에 대한 포괄적인 금지 법안에도 반대하고 있다.

미국이 과학적 및 법적 불확실성이라는 진창에 더 빠져들수록 영국은 더 혜택을 볼 수 있다. 영국의 과학자들은 독자적으로 세포주들을 만들 수 있다. 그들은 필요한 것, 즉 최상의 것을 얻을 때까지 계속 세포주를 만들어낼 수 있다. 법규도 명확하다.

따라서 상황을 예측할 수 있다. 과학자들은 연구실로 가다가 변호사 사무실에 들를 필요가 없다. 2002년 9월 의학연구위원회는 최상의 세포주들을 모든 연구자, 대중, 개인이 이용할 수 있도록 하는 줄기 세포 은행을 설립하겠다고 발표했다. 영국 정부는 이 연구에 대한 투자를 최우선 순위에 놓았다. 토니 블레어 영국 수상은 이 연구를 강력하게 지지하고 있다.

남작 부인과 주교

영국만큼 줄기 세포 연구를 열정적으로 지원하는 나라는 거의 없다. 영국만큼 역사적으로 이 기술을 지원하고 통제할 준비를 잘 갖추어온 나라는 없다. 영국에서는 복제 논의가 일찍부터 시작되었고, 사려 깊고 진지하고 철저하게 이루어져 왔다. 그리고 그것은 흥미롭고 짜릿하고 관심을 끄는 것이기도 했다. 영국이 치료용 복제를 규제라는 우산 밑에 놓은 최초의 국가가 된 2001년 1월 22일, 나는 상원 의사당에 있었다.

미국 대통령 선거가 있은 지 이틀 뒤인 그 춥고 바람 쌩쌩 부는 오후에 나는 영국 상원 의사당 입구로 걸어 들어

►영국 의사당

갔다. 도착하는 신사 숙녀들에게 인사를 하는 눈부시게 하얀 넥타이와 연미복을 차려입은 수위로부터 따뜻한 환영을 받은 뒤, 나는 불이 활활 타오르는 난롯가의 편안한 안락의자에 앉아서, 안주인 역할을 할 워녹 남작 부인을 기다렸다. 영국에서 가장 인기 있는 대중 철학자이자, 정책 결정자들을 비롯한 유력 인사들로 구성된 흔히 '사회 지도층(The Great and the Good)'이라고 불리는 모임의 창립 위원인 그녀는 뛰어난 지성과 개구쟁이 같은 유머 감각을 겸비하고 있었다.

우리는 강이 한눈에 내려다보이는 탁자 앞에 앉았다. 오후 의회가 열리기 전이었는데, 워녹은 그 법안에 자신이 어떻게 투표할 것인지 말해주었다. 그 규제 법안이 통과된다면, 영국은 치료용 복제를 법적으로 인정하고서 정식으로 규제하는 최초의 국가가 되는 셈이었다. 그녀는 그 연구를 반대하는 측이 내놓은 법안인 앨턴 수정안에 반대할 것이라고 말했다. 그 법안은 적어도 2년 동안 연구 진행을 전면적으로 가로막겠다는 의도를 담고 있었다. 워녹은 의사인 월튼 경이 다소 다급하게 상정한, 경쟁 관계에 있는 수정 법안을 지지할 것이라고 했다. 동료 상원의원이나 다른 사람들은 세 시간이 더 지난 뒤에야 그녀의 결정을 알게 될 것이다.

1월에 의원들이 투표를 해야 할 사항은 인간 수정 및 배아법에 허용된 배아 연구의 목적에 난치병 치료법 개발을 추가할 것인지 여부였다. 새 규제 법안은 치료용 복제는 명시적으로 규정해놓지 않았다. 그런 방식의 배아 형성은 배아 연구를 규제하고 있는 다른 조항에 포함된다는 것이 정부 입장이었기 때문이다. 하지만 2001년 11월 15일에서 2002년 1월 18일까지 약 두 달 사이에 그 해석에 의문이 제기되었고, 규제 틀 전체가 심각한 위기에 처할 듯이 보였다.(이 이야기는 잠시 뒤에 하기로 하자.)

난치병 치료법 개발을 위한 배아 연구를 허용하는 수정 법안이 12월에 하원, 1월에 상원을 압도적인 표 차이로 통과하기란 쉽지 않았다. 사실 그 법안의 운명은 1월 22일 오후가 저녁이 되고 밤이 될 때까지도 불확실한 상태였다. 언뜻 생각할 때는 영국 줄기 세포 연구의 미래가, 그리고 이 중요한 생의학 분야에서 영국이 누리고 있던 우월적 지위가 가장 엉뚱한 기관이자 대단히 시대착오적인 상원의 수중에서 좌지우지된다는 느낌이 들었다.

나는 이 유서 깊고 대단히 고루한 입법 기관이 복잡한 첨단 과학과 난해한 윤리 현안들을 어떻게 다루겠다는 것인지 궁금했다. 마거릿 대처 뒤쪽으로 두 줄 떨어져 있는 방청석에 앉아서, 나는 40명의 상원의원들이 일어나서 동료들에게 견해를 말하고 열정과 재치와 유창함을 무기로 삼아 이 연구의 핵심인 도덕적 및 의학적 문제들을 토론하는 것을 지켜보았다. 길버트와 설리번 같은 예외적인 인물도 있었지만, 그들은 줄기 세포 과학을 놀라울 정도로 자유자재로 다루었다.

시간이 흐르면서 흥분과 기대감이 의사당을 가득 채웠다. 의원들이 속속 들어오고 장관들을 비롯한 공무원들도 들어왔다. 복도마다 사람들이 서성거리면서 연설을 듣고 있었다. 의원들은 끼리끼리 모였고, 곧 회의장 구석과 뒤쪽에서 열심히 자신들만의 대화에 몰두했다. 긴장감이 눈에 띄게 고조되었다.

신경학자이자 줄기 세포 연구를 지지하는 수정안의 발의자인 월튼 경이 앨턴 수정안을 대체하기 위해 급조한 법안을 발표하기 시작하자, 회의장은 금세 침묵에 빠져들었다. 줄기 세포 과학의 의학적 전망에 대한 그의 탁월하고 열정적이고 매혹적인 연설은 사람들의 이목을 사로잡았다. 그를 위한 시간이었다. 그것은 분명한 사실이었다.

워녹 남작 부인 외에 어느 쪽으로 투표를 할지 불확실한 또 한 명의 대단히 영향력 있는 인물이 있었다. 옥스퍼드 주교인 리처드 해리스였는데, 그는 나중에 상원 줄기 세포 연구 특별위원회 위원이 되었다. 그가 유창하게 연설을 하기 시작하자, 어떤 태도를 취할 것인지가 곧 명확히 드러났다. 그는 동료 의원들에게 자신은 아직 치료용 복제를 둘러싼 윤리적 딜레마를 붙들고 씨름하고 있다고 말했다. 그는 1월의 그날에 핵심적인 영향을 미쳤고, 특별위원회 위원으로 있으면서 계속 영향력을 발휘했다.

위원회는 2002년 2월 보고서를 내놓았다. 우연의 일치인지는 모르지만, 그 직후에 인간 수정 및 배아법에 따라 새로운 규제 틀 아래에서 배아 줄기 세포 연구가 처음으로 승인되었다.

일반 사회에서 벌어지는 논쟁과 마찬가지로 상원에서

벌어지는 논쟁도 과학과 의학에 관한 것만이 아니었다. 거기에는 형이상학적인 차원도 있었다. 그 성직자는 열정을 보이고 있었다. 세인트 앨번스의 주교는 지식과 지혜의 차이를 흥미롭게 유머를 섞어가면서 깊이 파고들었다. 그는 동료 의원들에게 스스로를 진정 현명한 사람이라고 생각한다면 그렇다는 것을 보여 달라는 말로 끝을 맺었다.

의원들이 투표를 하러 회의장을 떠난 것은 논쟁이 시작된 지 8시간이 지난 뒤인 거의 오후 10시 30분경이 되어서였다. 그들은 돌아와서 투표 결과를 발표했다. 실제 연구를 중단시킬 앨턴 수정 법안은 부결되었다. 찬성 92표, 반대 212표로 갈렸다.

영국에서 치료용 복제의 규제 이야기는 거기에서 끝나지 않았다. 상원에서 표결이 이루어진 지 겨우 4일 뒤, 프로라이프 동맹이라는 단체가 그 법에 소송을 걸었다. 소송 절차는 지루하게 이어졌고, 2001년 11월 15일, 고등법원에서 판결이 내려졌다. 판사는 1990년 인간 수정 및 배아법에 규정된 배아의 정의가 핵 이식을 통해 생성된 배아까지 포함할 수 있는지를 판단해야 했다. 판사는 포함되지 않는다고 했다. 그러므로 그 법에는 복제된 배아에 적용할 수 있는 조항이 전혀 없는 셈이었다. 따라서 판사는 번식용 복제를 금지할 방법도 치료용 복제를 규제할 근거도 없었다.

번식용 복제를 금지하는 법 조항이 없고, 그 일을 하기 위해 승인을 받아야 할 필요도 없어진 그 법적 공백기에, 번식용 복제를 남성 불임 치료법으로 쓰겠다고 주장하던 이탈리아의 세베리노 안티노리 박사가 영국으로 와서 복제를 시도하겠다고 위협했다. 그와 미국 동료인 파노스 자보스는 2001년 말까지 복제를 통해 최초로 아기를 잉태시키겠다고 호언장담한 바 있다. 그들은 자신들에게 치료를 받겠다고 세계 각국에서 사람들이 밀려들었다면서, 영국인을 비롯하여 200명의 불임 부부들이 남편을 복제한 아기를 아내에게 잉태시키려고 나섰다고 말했다.

법원의 판결이 내려지자, 안티노리는 영국인들을 몇 명 복제하기 위해 대단히 서두른 듯했다. 영국 땅에서 말이다. 그가 성공했을 것 같지는 않지만, 그가 온다는 위협에 영국 정부는 화들짝 놀라서 번식용 복제를 금지하는 법률을 시급히 제정하겠다고 발표했다. 그 법은 11월 말에 양원에서 통과되었다. 또 정부는 고등법원의 판결에 불복하여 항소했다. 치료용 복제의 지위는 1월 18일 항소법원이 고등법원의 판결을 사실상 뒤집을 때까지 그 상태로 남아 있었다.

항소법원은 치료용 복제가 영국에서 계속 연구되어

왔으며, 적절한 규제를 받고 있다고 보았다. 거트루드 스타인(Gertrude Stein, 여류 시인이자 수집가–옮긴이)의 '장미는 모두 장미이다'라는 말을 약간 바꾸어서, 법원은 수정이 아닌 핵 이식을 통해 생성된 배아도 마찬가지로 배아라고 보았다. 그러자 프로라이프 동맹은 최고법원에 상고를 했다. 최고법원은 법관 의원들이라고 하는 상원의원들로 이루어진 재판위원회였다. 2003년 3월 의원들은 항소법원의 판결이 옳다고 결정을 내렸다.

미끄러운 비탈에서

미끄러운 비탈 논리는 유용할 수도 있지만, 달리 할 말이 없는 사람들에게는 마지막 피신처가 되곤 한다. '끝은 어디인가?'는 최신 과학 발전에 반대하는 사람들이 흔히 들먹거리는 구호이다. 복제 문제에서는 그 논리가 치료용 복제에 반대하는 근거로 자주 인용된다. 치료용 복제를 허용한다면 어찌할 수 없이 번식용 복제를 향해 나아가게 된다는 논리이다. 그 논리의 기본 개념은 x를 하는 것을 도덕적으로 용인한다면, 결국 도덕적으로 용납할 수 없는 y도 하게 된다는 것이다. 둘을 개념적으로 구별할 방법이 없기 때문이든 x의 존재가 y를 받아들이는 사회적 분위기를 만들기 때문이든 간에 x에서 y로 미끄러질 수 있다는 것이다. 하지만 치료용 복제가 x이고 번식용 복제가 y인 경우에는 어느 쪽도 옳지 않다. 치료용 복제는 아픈 사람들을 치료하려고 이루어지는 것이지, 그들을 복제하려는 것이 아니다. 그리고 세포 요법이라는 의학적 대안이 있기에 번식용 복제의 허용 가능성 여부와 전혀 무관하다.

치료용 복제의 반대자들은 또 다른 미끄러운 비탈이 있다고 주장한다. 과학적 비탈이 그렇다는 것이다. 연구는 그 과정에서 첫 단계인 핵 이식과 발생 촉발을 일으키는 데 필요한 기술을 발전시킬 것이며, 따라서 배아를 착상시켜 아이를 얻고자 하는 사람들에게 지식을 제공하게 된다. 반대자들은 복제를 전면 금지하자는 논리를 전개할 때 오로지 실용적인 측면만을 지적한다. 그들은 사악한 사람들이 연구실에서 배아 복제를 하고 그것을 여성의 자궁에 착상시키는 것을 어떻게 막을 수 있느냐고 묻는다. 그런 일이 정말로 일어난다면 법은 실제로 어떤 제재를 할 수 있을까? 강제 낙태는 분명 아니다.

그런 미끄러짐을 막는 방법은 두 가지가 있다. 첫번

째는 번식용 복제는 금지하면서도 치료용 복제는 세심하게 통제하는 잘 짜인 법이다. 이것이 영국이 택한 해결책이었다. 두번째는 아주 특이하고 두려워 보일 수도 있는 방법이다. 치료용 복제 연구의 초기 단계에서는 인간의 난자가 아니라 동물의 난자를 사용하고, 실제 치료에는 인간의 난자를 쓰는 방법이다. 동물의 난자를 인간의 세포핵 DNA를 넣을 곳으로 사용하면 번식용 복제를 향해 뻗은 미끄러운 비탈에서 제동기 역할을 할 수 있다. 그렇게 얻은 배아는 정상적으로 잉태되어 아이로 태어날 능력이 없을 것이 거의 확실하기 때문이다.

1998년 미국 회사 어드밴스드 셀 테크놀로지는 인간의 세포핵을 지닌 소의 난자를 실험하고 있다고 발표했다. 2003년 9월 파노스 자보스는 소의 난자를 연구하여 인간 복제 기술을 완벽하게 터득했다고 발표했다. 그는 복제된 인간 배아(인간의 세포만을 이용한)를 한 달 뒤에 대리모에게 착상시킬 것이라고 말했다.

2002년 봄에 《월스트리트 저널*Wall Street Journal*》은 한국에서 소의 난자, 중국에서 토끼의 난자를 이용하여 치료용 복제 연구를 하고 있다고 보도했다. 기사를 쓴 안토니오 레갈라도(Antonio Regalado)는 중국 출신으로 미국 국립보건 연구소에서 10년 동안 근무한 바 있는 휘젠 셍(Huizen Sheng)이라는 발생학자가 그 주인공이라고 소개했다. 중국발 기사가 실리기 약 3주일 전인 2월에 셍의 연구실에 《월스트리트 저널》 기자들로부터 계속 전화와 전자우편이 오기 시작했다. 내가 직접 본 사실이다. 그 자리에 있었으니 말이다.

당시 그곳에는 또 한 명의 미국인이 있었다. 아주 유명한 사람이었다. 바로 조지 부시 미국 대통령이었다. 사실 나는 셍 교수의 연구실을 방문할 준비를 하면서 호텔방에서 텔레비전 채널을 이리저리 돌리던 중, 부시가 중국인들을 상대로 텔레비전 연설을 하는 것을 보았다. 그는 시청자들에게 자유, 관용, 종교의 자유를 받아들일 것을 권유했다. 중국인들이 이런 세 영역에서 서양으로부터 배울 교훈이 많이 있겠지만, 줄기 세포라는 맥락에서 보면 피할 수 없는 역설이었다. 미국의 과학자들은 미국 과학계가 할 수 있는 대단한 연구를 할 자유를 빼앗긴 상태였다. 게다가 그것을 대통령의 강력하고 독실한 종교 신앙 때문에 빼앗겼으니 말이다. 그의 신앙이 얼마나 깊든 간에 그것은 미국 줄기 세포 연구의 발전을 가로막는 것과 다름없다. 그 사이에 중국은 앞서 나가고 있었다.

우리는 택시를 타고 복잡하고 사람들로 우글거리는

상하이의 거리를 가로질러 연구실로 갔다. 거리마다 사람들과 활력과 모험심으로 가득했다. 택시는 신화 병원의 번잡한 응급실 문 앞에 멈췄다. 나는 그곳을 보고 당황했다. 너무나 평범하고, 좀 구식인 듯했기 때문이다. 승강기를 타고 계단을 가로질러 올라갈 때까지 그랬다. 꼭대기로 가서 승강기 문이 열리자 전혀 다른 세계가 나타났다. 첨단 과학을 연구하는 첨단 연구실이 있었다. 그리고 미국에서 30년 동안 연구를 한 수석 연구원들이 있었다. 그들은 자신의 연구를 하기 위해 고국으로 돌아와 있었다. 미국 과학자들을 옥죄고 있는 정책이 중국에서는 적용되지 않고 있었으니 말이다.

이 중국인 연구자들이 토끼 난자를 사용한 것은 윤리적 이유 때문이 아니었다. 그들은 지극히 실용적인 목적을 갖고 있었다. 그들의 연구실은 인공 수정 병원 옆이나 도살장 근처가 아니라, 응급실 위에 있었다. 그래서 그들은 인간의 난자나 소의 난자를 풍족하게 공급받을 수가 없었다. 그래서 셍 연구진은 토끼에게로 눈을 돌렸다. 핵을 빼낸 토끼 난자와 인간의 피부 세포(주로 음경 포피)를 융합시킨 것을 사용했다.

상하이에서 발간되는 학술지인 《셀 리서치*Cell Research*》에 발표된 논문에 따르면, 그들은 400개 이상의 배아를 복제했다. 이 배아 중 약 4분의 1이 포배 단계까지 살

►출근길에서

아남았다. 배아 줄기 세포를 얻을 수 있는 단계이므로, 연구자들은 줄기 세포를 얻었다고 본다. 서양의 많은 과학자들은 이 중국 연구자들의 연구에 흥분하면서 그 연구에서 새로운 지식을 얻기 바라지만, 한편으로는 그들이 얻었다는 줄기 세포가 진정한 배아 줄기 세포라는 것을 확인해줄 증거가 충분한지 미심쩍어한다.

셍 교수는 이 배아 중 어느 것도 착상시킬 의도가 전혀 없다. 그 교수의 목표는 치료용 복제이지 번식용 복제가 아니다. 하지만 앞서 말했듯이, 설령 착상이 시도된다고 할지라도, 동물의 난자(그리고 미토콘드리아 DNA)와 인간의 세포핵을 융합해 만든 배아는 정상적으로 잉태되지 못할 것이 거의 확실하다. 따라서 그 배아는 인간으로 발달할 수 없을 것이다. 설령 발달할 수 있다고 쳐도, 미토콘드리아에 있는 동물의 DNA 조각이 커다란 토끼 귀를 생산하지 못할 것이 확실하다!

사람들은 치료용 복제의 도덕성에 관해 저마다 다른 견해를 갖고 있으며, 그럴 수 있다. 나는 그 행위가 도덕적으로 받아들일 만하며, 심지어 도덕적으로 요구되기까지 한다고 믿는다. 따라서 그것은 미끄러운 비탈 논리에서 x로 보아도 좋다. 하지만 y, 즉 번식용 복제의 도덕성은 어떨까? 미끄러운 비탈 논리가 어떤 타당성을 지니고 있다면, 비탈 아래쪽은 틀림없이 도덕의 한계를 넘어섰을 것이다. 그렇지 않겠는가? 다음 장에서 찬반 주장들을 살펴보기로 하자.

►월터 롤리 경과 아들 월터

5

판박이: 번식용 인간 복제

어떤 권리를 주장하는 것은 본질적으로 공적인 행위, 즉 정의상 또는 자신이나 남에게 당연하다고 여겨지는 것을 요구하는 행위이다. …… 보조 임신이라는 맥락에서 볼 때, 정당하게 주장할 수 있는 권리는 오직 아이를 낳을 시도를 할 권리이다.

메리 워녹

복제는 역행하는 것이다. …… 똑같은 사람을 만들어내는 방법들은 또 있다. 똑같은 학교를 계속 다니게 하거나, 매일 여덟 시간씩 텔레비전을 보게 하면 된다. 그 편이 훨씬 더 효과가 있다.

스틴 윌러드슨

우리가 시도하려는 복제는 수술이 끝났을 때 환자가 옷까지 다 입고 나오는 식인 듯하다.

우디 앨런의 영화 「슬리퍼」 중에서

내가 클론일 리가 없어, 나는 나야. 저게 클론이야.

영화 「멀티플리시티」 중에서

조난자들

핵 이식을 통한 복제에, 즉 낯선 피부 세포를 이용하여 사람의 유전적 사본을 재구성하는 데 성공하면서 아들은 아버지의 판박이라는 옛 속담은 비유에서 현실로 바뀌었다. 말 그대로 현실이 된 것이다! 번식 목적의 인간 복제가 가능할까, 더 나아가 임박했을까? 아마 그럴 것이다. 지금까지 10종의 포유동물이 복제되었다. 인간은 복제할 수 없다고 생각할 이유는 전혀 없다. 그것은 가능성 문제가 아니라, 시간 문제다. 사실, 이미 일어났을 수도 있다.

이런 가능성이 축복일까 경악일까? 번식용 인간 복제는 부도덕한 것일까? 대다수 사람들은 그렇게 생각하는 듯하다. 시도 때도 없이 그런 복제를 한다면 부도덕한 짓이 될 것은 분명하다. 맥베스가 전혀 다른 맥락에서 한 절박한 말, 즉 "제때 한다면, 더 빨리 잘 할 텐데"라는 말을 복제에 적용하는 것이 그 문제의 해답이 될 수도 있다. 즉 지금 수준에서는 인간 복제가 안전하지 못하다.

복제된 아기가 한 달 내, 혹은 1년이나 2년 내에 태어난다면 어떻게 될까? 복제된 모든 종에서 기형 사례가 나타났다는 점을 생각할 때(다시 말하지만 모든 개체가 그런 것은 아니다), 왠지 불길한 느낌이 들지도 모른다. 동물 자료를 훑어보면 정신이 번쩍 들 것이다. 기형 사례를 적은 목록은 결코 짧지 않다. 대단히 심각한 것들도 있다. 동물 자료가 반드시 인간이 처한 상황을 정확히 예측해주는 것은 아니지만, 많은 네 발 동물 클론들이 살아가는 모습을 보고 그들이 일찍 고통스럽게 죽기도 한다는 것을 알고 있으므로 불안을 느낄 만도 하다.

이런 상황에서 아기를 만든 다음 후성적인 파탄이 언제 어떻게 일어날지 여부를 지켜보면서 기다리는 것이 과연 도덕적으로 용납이 될까? 앞서 살펴보았듯이, 복제로 정상보다 20배나 더 큰 혈관들을 지니고 숨을 제대로 못 쉬고 헐떡거리는 새끼 양이 태어나기도 했다. 간, 신장, 면역계 이상도 나타났다. 견해 차이가 심하긴 하지만, 심지어 모든 클론이 어느 정도 결함이 있다고 보는 과학자들도 있다.

모든 전문가들이 동의하는 것이 하나 있다. 이른바 번식용 인간 복제의 전문가들과 옹호자들이 확신하는 것과 정반대로, 잉태된 복제 배아나 이미 태어난 복제 아기가 결함이 없다는 것을 증명할 수 있는 유전적 또는 다른 어떤 검사법이 없다는 것이다. 착상전 유전 진단(PGD, preimplantation genetic diagnosis)은 옹호자들이 "인간 조난자"라고 불리는 것을 예방하는 데 유용하다고 주장하는 검사법 중 하나이다. 배아가 착상되기 전 하는 착상전 유전 진단은 거의 15년이라는 역사를 지니고 있지만, 복제 과정에서 생기는 듯한 결함을 찾아내는 데에는 소용이 없다. 착상전 유전 진단은 유전적 변화나 손상(돌연변이)을 밝혀낼 수 있지만, 복제 때 나타나는 기형의 주된 원인이라고 여겨지는 유전자 발현(유전자들이 맡은 일을 하기 위해 꺼지거나 켜지는 것)에서 나타나는 결함은 찾아내지 못한다.

다시 한 번 오케스트라라는 비유를 들어보자. 자기 악기의 줄이 끊어지지 않았다는 것은 제1바이올린 연주자에게 희소식이 분명하지만, 그것이 그가 연주하기로 되어 있는 음들을 모두 제대로 연주하고 그렇지 않은 음들은 연주하지 않을 것이라는 보장은 해주지 않는다. 그리고 그가 내일 밤이나 남은 연주회 내내 제때에 연주를 시작하고 멈출 것이라는 보장도 없다. 악기가 제때에 제 소리를 내야 하는 것처럼, 유전자 발현도 그렇다.

한 예로 낭포성섬유증을 일으키는 유전자 돌연변이는 배아가 8세포기에 도달하면 뚜렷이 나타나며, 그 증상은 태어난 아이에게 평생에 걸쳐 영향을 미친다. 반대로 클론의 유전자 발현이 배아 단계에서는 정상적으로 이루어졌어도 나중에 성장하면서 비정상이 될 수도 있다. 죽은 클론 동물들을 검시해보니 간 세포들이 제대로 분화하지 못해서 제 기능을 못한 경우도 있었다. 필요한 유전자들이 제때 켜지지 않았기 때문이다.

과학자나 의사가 질병, 장애, 때 이른 죽음을 빚어낼 위험을 무릅쓰고서 인간 복제의 선구자가 되려는 것이 도덕적으로 옳을까? 당연히 옳지 않다. 내가 아는 존경할 만한 복제 과학자들은 모두 현재의 지식과 경험 수준을 고려할 때 인간을 복제하는 것은 지극히 비윤리적이라고 믿는다. 앞으로도 계속 그럴 수도 있고 아닐 수도 있다. 하지만 안전성 문제가 해결된다면, 어떻게 될까? 그랬을 때 복제가 본질적으로 부도덕한지 여부를 판단하려면 복제 윤리를 어떤 식으로 살펴보아야 할까?

이 분석에 착수하기에 앞서, 해야 할 일이 하나 있다. 번식용 복제를 휘감아 흐릿하게 만드는 윤리라는 안개를 깨끗이 걷어내야 한다. 거리에서 아무나 붙들고 복제를 어떻게 생각하는지 물어보라. 나는 실제로 해보았다. 사람들은 예외 없이 불안해하고, 거의 대부분 부정적인 반응을 보인다. 왜 무엇 때문에 그러는 것일까? 그들에게 클론은 위험하고, 피해를 주고, 심지어 사악한 듯이 보인다. 클론을 만드는 사람들은 무책임하거나 더 악하게 비친다. 자신을 복제하려는 사람들은 경멸을 받는다. 문학과 영화들이 그런 생각을 품게끔 부추겼다는 점은 분명하지만, 저녁 뉴스도 그에 못지않게 기여를 했다.

그런 생각을 부추긴 요인이 두 가지 더 있다. 복제 옹호자 중에는 대중의 견해에 심각한 영향을 미치고 있는 색다른 부류들(라엘리안 종교가 가장 두드러진 사례이다)이 있다. 그렇게 신념, 복장, 행동이 아주 유별나 보이는 사람들이 번식 목적의 인간 복제에 성공했다는 불편한 소식이 들릴 때마다, 사람들이 그 뉴스와 행위자를 연관짓는 것은 당연하다. 또 미지의 국가에 비밀 연구소들이 있다는 이야기도 불안감을 가중시킨다. 그런 곳에서 일한다는 복제 전문가들은 기이하

"거 참, 얘들은 이 따위 이야기들을 도대체 어디에서 주워들은 거야?"

► 시사만화

고 무시무시한 인상을 풍긴다. 따라서 복제 기술과 클론도 그렇게 보이는 듯하다. 그들의 주장이 과연 타당한지를 이성적으로 논의하기란 설령 불가능하지는 않다고 할지라도 쉬운 일이 아니다. 이런 현안들을 다룰 때면 선정적인 신문이나 진지하고 품격 있는 신문이나 기이하게 똑같은 제목으로 기사들을 싣는다.

도덕성에 관한 직관

냉철하게 복제 윤리를 조사하려는 노력은 우리 모두가 지닌 신념과 선입견이라는 복잡하게 뒤얽힌 그물에 걸려 방해를 받는다. 그 그물은 내가 도덕적 직관이라고 부르는 것을 형성한다. 내가 말하는 도덕적 직관이란 우리가 삶의 지침서로 삼고 있으며, 세계와 그 안에 사는 사람들에 대한 반응을 체계화한 태도와 신념, 이상과 열망이라는 덩어리를 가리킨다. 본래 이런 직관들은 1장에서 말한 문학과 영화가 환기시키는 본능적인 반응들, 즉 감정이 깊이 배어 있고 비유로 가득한 반응일 때가 많다.

다시 거리로 돌아가서 복제가 비윤리적이라서 반대한

다고 말하는 사람들에게, 어떤 이유로 그렇게 생각하는지 물어보자. '복제는 자연적이지 않다'나 '과학자들이 신을 조롱한다'가 가장 흔히 나오는 대답이다.

사려 깊은 분석과 탐구를 거친 결과물이 아니라 단순한 비난일 경우가 많은 이런 표현들은 내가 볼 때 그다지 유용하지도 계몽적이지도 않다. 그런 표현들은 번식용 복제의 윤리 논의를 심화시키는 역할을 거의 하지 못한다. 정반대로 그런 표현들은 대개 첫 마디에서 결론으로 건너뛴다. 즉 논의를 시작하기 위한 것이 아니라 배제시키기 위해, 이미 확고하게 간직한 견해를 제시하는 것일 뿐이다.

물론 '자연적'이라는 말은 다양한 의미를 지닐 수 있지만, 여기서는 깊은 관련이 있는 두 가지 의미에 초점을 맞추기로 하자. 그 용어는 에덴과 흡사한 무언가를 지칭할 수도 있으며, 인위적인 것과 반대되는 순수하고 고결한 것을 지칭하는 데에도 쓰일 수 있다.

첫번째 의미의 자연은 인간이 간섭하지 않는 자연 상태는 더 나을 것이라는 아주 매혹적이지만 천진난만한 믿음에서 비롯되었다. 아마 영국에서 이런 견해를 지닌 사람 중 가장 유명 인사는 찰스 왕세자일 것이다. 그는 BBC가 주최한 라이스 강연에서 그런 쪽으로 기억에 남을 만한 견해를 피력했다.

존재하지 않았던 에덴에 향수를 느낀다는 것은 대단히 비논리적이다. 우리 조상인 수렵채집인들이 야만적이었다고 해도, 18세기 철학자인 루소가 말한 고상한 야만인 같지는 않았을 것이 분명하기 때문이다. 생명공학과 그 분야에서 연구하는 과학자들을 공격하는 사람들은 그런 사고방식을 배경에 깔고 있다. 그들에게 과학자들은 건드려서는 안 될 것을 만지작거리는 해롭고 심지어 악의적인 존재로 비친다. 이런 비판적 시각은 유전자 변형 식품 문제에서 가장 두드러진다. 메리 셸리가 쓴 《프랑켄슈타인》에는 그런 견해를 상기시키는 대목이 있다. 프랑켄슈타인 박사가 조립한 괴물은 비록 살과 피로 이루어졌지만, 아주 자연적이지 못한 방식으로 생산된 산물이라는 것이었다. 즉 섹스 없이 말이다.

이런 인위적인 형태의 생명을 '태어나게 하는' 사람은 과학자이며, 그 끔찍한 결과로 비난을 받는 쪽도 과학이다. 일반적인 의미이자 현재 통용되는 의미로서 자연과 인공을 구분하는 태도가 노골적으로 반과학적인 것은 아니지만, 그런 구분이 과학의 성과를 평가 절하하는 것은 분명하다. 그리고 우리가 지금 당장 자연적인 것을 받아들이고 인위적인 것을 거부해야 한다는 주장을 택한다면, 우리는 항생제, 백신, 인공 수정 같은 보조 생식 기술, 심지어 안경이 주는 혜택까지도 버려야 할 것이다.

우리 삶에서 도덕적 직관이 가치가 있는 영역들도 분명히 있긴 하지만, 언제나 그것에 의지할 수 있는 것은 아니며, 그 자체가 대단히 비도덕적일 수도 있다. 인종적 또는 종교적 편견을 생각해보라. 우리가 지닌 도덕적 직관들은 가정 환경, 교육, 종교적 배경 같은 다양한 요인이 빚어낸 산물이다. 그 직관들은 없애버릴 수 없다. 하지만 우리는 교육을 통해 직관 중에서 좋은 것과 나쁜 것, 도움이 되는 것과 쓸모없는 것을 구분하는 법을 배울 수 있고 또 그렇게 해야 한다. 그런 교육을 받지 않은 채, 도덕적 직관을 도덕적 판단의 토대로 삼는다면, 어리석은 생각, 비도덕적인 결과(편협한 신앙과 이방인 혐오증 같은), 광적인 행동, 과학과 그것이 주는 의료 혜택 거부 같은 행동이 나타날 수 있다.

인공 수정은 번식과 성행위를 분리시켰다. 복제는 한 단계 더 나아간다. 번식 기술은 난자와 정자가 합쳐져야 할 필요성, 즉 두 명의 부모가 있어야 할 필요성을 없앤다. 유전자가 뒤섞이지도 않는다. 그 뒤섞이는 것이 얼마나 다양한 결과를 빚어내는지는 대가족을 살펴보기만 하면 된다.

따라서 번식 목적의 복제는 대단한 혁신이 될 것이다.

그것은 우리를 유성 생식이라는 패러다임에서 벗어나 쌍둥이라는 패러다임으로 넘어가게 한다. 하지만 이 쌍둥이는 기존의 쌍둥이와 한 가지 다른 점이 있다. 한쪽이 다른 한쪽보다 훨씬 더 나중에, 심지어는 한 세대 이상 뒤에 태어날 수도 있다는 것이다. 그리고 그들은 성행위를 통해 태어난 쌍둥이가 아니다. 이미 존재하는 사람의 쌍둥이이며, 설계되어 새로 태어난 사람이다. 그때가 되면 여성에게는 더 이상 남성이 필요하지 않을 수도 있다. 피부 세포(새로운 사람을 재구성하는 데 필요한 모든 명령문을 지닌)와 자신의 난자를 이용하면, 혼자서도 얼마든지 자신의 축소판을 만들 수 있다. 남성에게는 여전히 여성의 난자와 여성의 자궁이 필요하겠지만, 여성에게는 남성이 필요 없게 된다.

앞서 살펴보았듯이, 보조 생식 기술은 오랫동안 '신을 조롱하는' 것으로 여겨져 왔으며, 프로메테우스가 신들에게서 불을 훔친 행위에 비유되어왔다. 그리고 프로메테우스와 프랑켄슈타인이 보인 오만한 행위와 비참한 결과를 염두에 두고 있는 사람들은 복제가 끔찍하고 주체할 수 없는 결과를 빚어내지 않을까 우려한다. 이런 주장을 펼치는 사람들(아니 이런 구절을 읊는 사람들이라고 말하는 편이 더 적절하겠다)은 우리가 신의 영역을 침범한다고 여긴다. 과학과 의학이 개입하여, 본래 일어나지도 일어날 수도 없었을 일을 일어나게 한다면, 과학은 신을 대신하는 것으로, 더 나아가 대체하는 것으로 비친다.

인공 수정은 과학자들에게 수정이 일어나는 환경을 통제할 권한을 주긴 하지만, 여기서 이른바 신을 대신하는 부분은 본질이 아니라 방법적인 측면이다. 복제는 그와 다르다. 복제에서는 생식의 본질, 즉 정자와 난자의 융합이 불필요해질 수 있다. 적어도 유전적으로 볼 때, 보통의 체세포를 이용하여 당신이나 나와 똑같은 사람을 만들 수가 있다.

여러 가지 이유로 복제는 도덕성을 직관적으로 생각하는 사람들에게 더 영향을 미치기가 쉽다. 복제에는 온갖 비유적 의미들이 따라붙는다. 그들에게는 복제라는 생각 자체가 통째로 잘못된 듯이 보인다. 《프랑켄슈타인》이나 《멋진 신세계》에서 튀어나온 것처럼 기이하고 심지어 끔찍하다는 느낌을 준다. 따라서 그것은 잘못된 것임에 틀림없다고 생각했다. 하지만 직감적이고 본능적으로 일어나는 전율은 도덕적 논거가 되지 못한다.

가임 원본과 불임 원본

안전성 논리나 도덕적 직관에 의지하지 않는다면, 번식 목적의 복제에 어떻게 접근해야 하며, 도덕적 입장을 어떻게 펼쳐야 할까? 그 주제를 보조 생식이라는 다른 패러다임과 나란히 놓고 비교하는 것도 좋은 방법일 듯하다. 그러면 번식 목적의 복제가 불임 치료에 써왔던 방법들을 단순히 확장한 것인지 여부를 물을 수 있다. 정말 그럴까, 아니면 본질적으로 다른 것일까?

아이를 만드는 복제는 동기에 따라 크게 번식, 사본 형성, 부활이라는 세 범주로 구분된다. 이 범주들은 상당히 많이 겹쳐진다. 엄밀히 말해서 모든 복제는 원본의 유전체를 복사하는 과정을 수반하는, 본질적으로 사본을 만드는 과정이다. 아이를 만드는 복제는 동기가 어떻든 간에 다른 유형의 복제, 즉 치료용 복제와 달리 번식을 위한 것이다. 하지만 나는 그 용어들을 독특한 방식으로 사용하고자 한다. 즉 아이를 얻는 것이 목표일 때는 번식용 복제라 하고, 특정한 유전체를 재생산하는 것이 목표일 때는 사본 형성용 복제라 하며, 이미 죽은 누군가의 삶을 영속시키는 것이 목표일 때는 부활용 복제(불가능한 꿈이지만)라고 부르고자 한다.

다양한 방식으로 이런 범주들에 접근해보기로 하자. 물론 전통적으로 윤리적 분석에 쓰여온 도구들도 활용하고자 한다. 권리, 이익 형량(이른바 결과론적 윤리학), 미끄러운 비탈 등이며, 칸트의 명령 개념도 짧게 다룰 것이다.

번식할 권리라는 윤리적 및 법적 개념은 복제양 돌리가 성체 포유동물의 복제가 과학적으로 가능하다는 것을 보여주기 오래전부터 있었다. 미국 헌법은 번식할 권리를 출산의 자유라는 더 큰 범주에 속한 것으로 보며, 출산의 자유에 낙태와 피임 개념도 포함시킨다. 이 권리는 아주 특수한 종류의 기본권이다. 즉 그 권리를 행사하지 못하도록 제한하기 위해 정부가 대단한 노력을 기울여야 하는 종류 중 하나다. 하지만 번식권이 특별한 지위에 있다고 할지라도, 미국 헌법은 아기를 임신하거나 낙태를 하는 수단에 관해 개인에게 제공할 의무나 책임을 사회에 부과하지는 않는다. 그래서 출산이 지닌 권리는 적극적인 권리가 아니라 소극적인 권리로 불린다(근본적으로 간섭으로부터 자유로워지는 것을 뜻한다).

소극적이든 적극적이든 간에, 권리는 절대적이지 않다. 권리를 행사하는 데에는 우리가 사회에서 함께 살아가야 한다는 당위성에 부과되는 제약이 따른다. 원하는 대로 누릴 자유는 타인들의 이해관계에 따라 제약을 받으며, 우리가 하는 행동은 존 스튜어트 밀이 말한 것처럼, 다른 사람들에게 해를 주지 말아야 한다는 명령의 제약을 받는다.

일부 국가에서는 필요한 사람들에게 번식을 위한 불임 치료 수단을 제공할 적극적인 권리를 인정한다. 어떤 치료법을 허용할지는 구체적인 사회적 및 의학적 합의에 따라 달라진다. 현재 그리고 가까운 미래에 번식용 인간 복제를 할 수단을 사람들에게 제공하도록 허용하는 쪽으로 합의를 할 나라는 없을 것이다. 물론 복제 행위를 금지할 법이 전혀 없을 때, 민간 연구비로 복제 시도가 이루어질 수는 있다. 대다수 서양에서는 국민 합의를 거쳐 번식용 복제를 막는 법이 제정되어왔다. 물론 합의가 바뀔 수도 있지만, 현재로서는 그런 기미가 전혀 보이지 않는다. 그리고 바뀌어서도 안 된다. 현재의 안전성을 기준으로 할 때 복제는 위험하고 무책임한 것이기 때문이다.

사회는 기존 방식(즉 불임 치료법에 의지하지 않고)으로 아이를 낳을 수 있는 사람들은 계속 그렇게 하도록 놔두며, 간섭하지 않는다. 하지만 불임 치료나 입양처럼 제3자의 도움이 필요할 때, 정부는 그런 활동이 법의 테두리 안에서 이루어지도록 하고, 그런 과정을 거쳐 태어난 또는 태어날 아이의 복지를 수호할 사회적 책무를 진다.

영국에서 보조 생식은 세세하게 규제를 받고 있으며, 그 법은 아이들 이익을 최우선적으로 보호한다. 영국에서 번식용 복제는 불법이므로, 복제는 불임 치료 방법이 될 수 없다. 미국 같은 나라는 불임 치료를 훨씬 더 느슨하게 규제하고 있으며, 특히 불임 치료용 복제 기술에도 그런 태도를 취하고 있다. 논의를 위해 치료를 원하는 사람들이 규제가 잘 되어 있는 2020년 런던에 살고 있다고 가정해보자.

우리는 할리 거리(Harley Street)에 있는 유명한 불임 전문의인 X 박사의 진료실 앞에 있다. 복제는 비록 널리 쓰이고 있지는 않지만, 안전해졌고 불임을 치료하는 수단으로 받아들여진 상태이다. 두 부부가 진료를 받으려고 기다리고 있다.

A 부부는 불임이다. A씨의 정자는 제 기능을 못한다. B 부부는 그렇지 않다. B씨는 세 아이가 있는 중년 남성인데, 그저 자신을 복제하고 싶어서 온 것일 뿐이다. 과학자 리처드 도킨스(영국의 사회생물학자로서 진화라는 개념을 이기적 유전자로 설명한 것으로 유명하다 – 옮긴이)처럼, 아마 그도 자신의 클론이 어떠할지 알아보고픈 호기심 때문에 찾아온 것일 수도 있다.

이들이 주장하는 윤리가 서로 똑같은 것일까? 서로

다르다고 생각해야 하지 않을까? 이런 질문은 세 가지 윤리적 관점에서 파악할 수 있다. A와 B의 상대적인 치료 필요성 여부, 복제 이외의 대안 존재 여부, 결과로 생긴 아이(여기서는 클론)에게 최선인가 여부가 기준이 된다.

A 부부는 임신하려면 도움을 받아야 한다. A씨 쪽이 문제가 있으므로, 다른 남성의 정자를 얻어 A 부인을 임신시키는 것도 해결책이 될 수 있다. A 부부는 그 대안을 생각해본 뒤 거절했다. 자기 집안에 낯선 사람의 유전자를 들이는 것이 싫다고 말한다. 그들은 그 대신 의사가 A 부인의 난자를 이용하여 A씨를 복제해주기를 원한다. A 부인은 시차가 있긴 하지만 남편의 일란성 쌍둥이를 임신하여 낳고자 한다. 의사는 그들이 제안한 요구에 동의해야 할까?

복제가 아닌 대안을 택했을 때 생길 수 있는 단점은 명백하다. 정자를 기증받아야 한다는 것이다. 현재 우리는 기증받은 정자로 인공 수정을 통해 태어난 아이들도 으레 생물학적 아버지를 찾고자 한다는 것을 안다. 영국을 비롯한 많은 나라들은 정자 기증자의 익명성을 끝까지 보호하도록 법으로 규정하고 있다. 기증을 받을 때 익명을 조건으로 했기 때문이다. (현재 이 문제를 놓고 열띤 논쟁이 벌어지고 있으며, 2020년쯤 되면 법이 바뀔지도 모른다.) 익명의 생물학적 아버지가 있는 것이 아이에게 최선일까? 혈통을 공백으로 남겨놓는 것이?

이것이 그저 심리적 문제만은 아니다. 인간 유전체 계획을 통해 얻은 지식에서 유전적 요인이 강한 질병을 찾아내는 검사법과 이어서 치료법까지 나온다면, 아이가 자기 아버지를 알 권리와 필요성을 둘 다 갖게 되지 않을까?

남성 독자들이여, 당신은 어떻게 생각하는가? 돈을 벌려고 정자를 판 낯선 사람을 아버지로 삼기보다는 자기 아버지에게서 나중에 태어난 일란성 쌍둥이인 클론 쪽이 더 낫지 않을까? 또 당신을 알려고 하지도 사랑하지도 함께 인생을 살려고 하지도 않는 정자를 무료로 기증한 박애주의자를 생물학적 아버지로 삼는 것보다도 낫지 않을까?

우리가 지금 번식용 복제가 안전하다는 가정에서 논의를 전개하고 있다는 점을 명심하자. 아마 그럴 경우에는 복제라는 대안이 그리 나쁘게 보이지 않을 것이다.

복제가 이 아이에게 끼칠 해악이 있을까? 해악이 될 만한 것들은 있다. 어정쩡한 가족 관계 때문에 근친상간이나 적어도 그런 감정을 갖게 될 가능성도 있다. 또 클론이 의학적으로나 심리학적으로 자신의 미래가 정해져 있을 것이라고 믿게 될 우려도 있다. 클론이 자신의 아버지이자 쌍둥이가 병에 걸리는 것을 보고, 자신의 피할 수 없는 운명을 알게 될 것이라고 우려하는 사람도 있다. 그것이 사실이라면, 아주 암울한 부담으로 다가오겠지만, 그것은 사실이 아니다. 같은 자궁에서 잉태되어 함께 자라고 비슷한 환경에서 어린 시절을 보낸 일란성 쌍둥이도 같은 질병에 걸리지 않는 경우가 많다. 대다수 질병은 유전자끼리, 그리고 유전자, 환경, 생활 방식 간에 나타나는 복잡한 상호 작용의 결과물이다.

미래가 생물학적으로 정해져 있다는 주장은 잘못되었다. 하지만 심리적 차원에서는 어떨까? 클론은 원본이 선택하고 행동하는 것에 따라 자신의 운명이 제한된다고 느끼지 않을까? 나는 그렇게 생각하지 않는다. 적어도 기존 방식으로 태어난 아이에게 그런 일이 일어나지 않는 것과 마찬가지다.

그렇다면 할리 거리에 있는 의사의 진료를 받을 환자가 될 수도 있을 B씨는 어떨까? 그는 가임 능력이 있고, 의학적으로 복제 기술이 필요한 것이 아니므로, 우리와 의사는 그의 동기를 꼼꼼히 따져보고 그가 아버지로서 적합한 인물인지도 살펴보아야 하지 않을까? 우리와 의사는 그 시술을 하기가 꺼려지고 미심쩍다는 생각을 품어야 옳지 않을까? 하지만 동기를 탐구하기란 대단히 어렵다. 내게 타당하

►내 축소판 클론

다고 보이는 것이 당신에게는 대단히 부당한 것처럼 보일 수도 있다.

이제 보조 생식 패러다임으로 돌아가서, 시간을 많이 투자해야 하는 막중한 업무를 맡고 있어서 지금은 엄마가 될 수 없다고 느끼고 있는 바쁜 직장 여성을 생각해보자. 그녀는 그런 와중에도 생물학적 시계가 계속 째깍거리고 있다는 것이 마음에 걸려서, 나중에 쓰려고 난자를 냉동 보관해두기로 한다. 직장과 시간이 허용하거나 좋은 남자를 만났을 때 쓸 수 있게 말이다. 현재도 난자를 냉동 보관했다가 가임 능력이 줄어들고 난자의 질이 나빠졌을 때 대신 쓰는 여성들이 있다.

이런 경우에는 어떻게 생각해야 할까? 그리고 가임 능력이 있는 여성이나 남성이 기존 방식으로 아이를 낳는 대신에 복제를 하고 싶어하는 사례와 이 사례가 도덕적으로 다른가?

나는 두 사례를 구분하고자 한다. 첫번째는 자신에 관한 것처럼 보이는 반면, 두번째는 우려를 불러일으키는 듯하다.

B씨가 가임 능력이 있고 이미 아이들이 있으므로, 우리는 그가 특정한 유전체, 즉 자신의 유전체를 지닌 아이를 낳기 위해 자신을 복제하고 싶어한다고 추론할 수 있다. 그 추론은 아마 옳겠지만, 아닐 수도 있다. 비록 추정이긴 하지만 그의 어린 클론이 겪을 법한 피해들은 많이 있다. 아이가 부모 기대에 못 미쳐서 심각한 심리적 문제에 처할 수도 있다. 클론인 그는 남들의 기대에 짓눌려 선택할 여지가 한정된 삶을 살아가는 그림자 같은 존재, 즉 다른 삶의 메아리로

서 살아가고 있다고 느낄 수도 있다. 자신이 누군가처럼 되기 위해 복제되었다는 것을 알게 된다면, 그 사람이 되라는 압박감을 느끼지 않겠는가? 그 사람이 뛰어난 능력을 발휘했던 분야에서 뛰어나야 한다고 말이다. 바이올린 연주자, 야구 선수, 물리학자가 되라고 말이다. 설령 원본에 닥쳤던 의학적 운명이 자신에게 똑같이 닥치지 않을 것이라는 말을 들었다 할지라도, 그 사람이 병에 걸려 일찍 죽는 것을 지켜보면 자신도 같은 운명에 처하지 않을까 하는 두려움에 떨 수밖에 없지 않을까?

한편으로 우리는 쌍둥이를 자주 보았다. 같은 환경에서 자라고 같은 자궁에서 잉태되었고 어떤 클론보다도 서로 더 닮았음에도, 쌍둥이는 서로 완벽하게 구별이 된다. 그들은 서로 다른 사람으로 자라고, 서로 다른 선택을 하며, 서로 다른 질병으로 사망한다.

복제로 유발된 심리적 두려움들을 모은 목록에는 두 가지 문제가 있다. 첫째는 물론 그것들이 오로지 추측에 불과하다는 것이며, 둘째는 무시무시한 복제 시나리오에 등장하는 것과 비슷한 문제점들은 복제가 없다고 해도 얼마든지 있을 수 있는 사실이다. 가령 유명 인사나 대성공을 거둔 부모 밑에서 자란 아이들은 부모의 명성에 가려져서 아주 고통스럽게 살아가곤 한다. 그렇지만 B씨가 가임 능력이 있다는 사실은 복제 기술을 사용하는 것이 설령 용납이 전혀 불가능한 것은 아니라 해도 도덕적으로 미심쩍다는 생각을 하게 할 것이다.

의사의 진료 대기실 문이 열리고 또 다른 C 부부가 들어온다. 둘 다 제대로 된 난자도 정자도 만들지 못하는 불임이다. 그들도 복제 이외의 대안이 있다. 기증받은 배우자를 사용하는 것이다. 하지만 그러려면 난자와 정자를 기증받아야 한다. 게다가 대리모까지 필요할지 모른다. 그렇게 되면 C씨도 C 부인도 아기의 유전적 부모가 아닐 것이고, C 부인은 아이를 밴 어머니도 아니다. 따라서 법적으로는 아이를 낳을 대리모가 어머니가 된다. 그리고 그녀의 남편이 아버지일 것이다. 따라서 C 부부는 그 아이를 입양하는 절차를 밟아야 한다.

반면에 부인이 자궁은 정상이고 단지 난자를 제대로 만들지 못하는 것이라면(폐경기에 접어들었을 수도 있다), 기증받은 난자와 정자로 인공 수정하고 착상시켜 출산할 수 있다. 그러면 적어도 아이와 어느 정도 관계가 있고 법적으로도 어머니가 될 것이다. 또 남편에게서 나중에 태어난 일란성 쌍둥이인 클론을 낳을 수도 있다. 그 아이는 적어도 유전적으로 두 부모 중 한 명과 관계가 있다.

따라서 내가 볼 때 번식 목적의 복제는 양쪽이 다 불임인 부부에게 대안으로 열려 있어야 할 듯하다. 복제가 안전한 것이 된다면 말이다. 하지만 상황이 딱 들어맞는 경우는 극히 드물다.

의사의 진료 대기실은 새로운 환자인 D 부인이 들어오면서 더 북적거린다. 그녀는 남편과 사별했다. 남편이 죽기 얼마 전에, 즉 혼수 상태로 누워 있을 때, D 부인은 의사에게 그의 정자를 채취해 달라고 요청했다. 그녀는 그 정자로 임신을 하고 싶어한다. 그녀는 그럴 수 없다면, 자신을 복제할 생각이다.

이 책을 읽고 있는 여성 독자들이여, 어떻게 생각하는가? 당신은 원본 어머니를 갖겠는가(그리고 어머니에게서 나중에 태어난 일란성 쌍둥이가 되겠는가), 아니면 결코 만난 적이 없는 아버지나 더 나아가 결코 태어난 적이 없는 어버이(낙태된 태아의 정자나 난자를 이용할 때)의 유복자가 되겠는가?

복제가 개인에게 피해를 줄 것이라는 흥미로운 시나리오 이외에, 복제가 이런저런 해로운 사회적 결과를 빚어낼 것이라는 예측도 있어 왔다. 예를 들어 일부 사람들은 기존 방식으로 번식을 하는 대신에 복제를 채택하면 정상적인 진화 과정이 방해를 받을 것이고 사회 체제에 변화가 올 것이라고 주장한다. 나는 이런 주장을 전혀 믿지 않는다. 복제가 아기를 만드는 주된 방법이 될 것이라고 볼 이유가 전혀 없기 때문이다. 대개 부부는 함께 아이를 만들고 싶어한다. 자신들의 아이를 말이다. 놀랍고 경이롭게 뒤섞인 유전자들이 빚어낸 산물을 말이다.

최초의 복제 인간은 익명성이라는 장막 뒤에 숨지 않으면, 대단히 힘든 삶을 살게 될지 모른다. 세계가 돌리에게 보인 반응과 그 반응이 이끌어낸 행동들을 떠올려보라. 돌리는 신기한 구경거리, 언론의 슈퍼스타로 대접받았고, 적어도 초기에 언론의 조명을 피할 수 없었던 시기에는 대단히 변덕스럽고 신경질적인 반응을 보였다. 첫 새끼인 보니를 출산한 뒤에야, 돌리는 좀더 조용한 생활을 할 수 있었다. 하지만 여전히 명성이 있었기에, 마음대로 돌아다니지 못하고 많은 양들과 함께 외양간에 갇혀 지내야 했다. 돌리를 죽인 원인이 단지 폐 감염 질환이 아니라 클론이라는 명성 때문이라고 말해도 좋을지 모른다.

최초의 복제 인간이라고 알려질 존재가 어떤 삶을 살게 될지 알고 싶다면, 디온 다섯 쌍둥이가 실제로 겪은 일들을 훑어보기만 하면 된다.

►악기를 연주하는 디온 다섯 쌍둥이

그들은 1934년 캐나다 온타리오 주에 있는 작은 마을에서 태어났다. 다섯 쌍둥이 중에서는 최초로 무사히 살아남은 존재들이었다. 이 다섯 쌍둥이는 부모 손에서 벗어나 정부의 보호를 받으며 자랐다. 그들은 어른이 되어서도 모두 똑같은 옷을 입었고, 아이 때에는 서커스 공연을 했다!

복제 인간을 보통 아이와 다르게 대우해야 한다는 생물학적 또는 심리적 명령 같은 것은 없다. 유별난 방법으로 태어나긴 했지만, 복제 인간도 보통 아이이기 때문이다. 복제가 기이하다면 그것은 보는 사람이 그렇게 보기 때문이다. 문제는 바로 거기에 있다. 뮤지컬 「마이 페어 레이디*My fair lady*」에서 여주인공인 일라이저 둘리틀이 한 말에 따르면, 숙녀와 꽃 파는 소녀의 차이는 어떻게 대접받느냐이다. 우리는 최초의 복제 인간들이 언론의 조명을 받지 않고 비교적 조용히 살아갈 수 있기를 바랄 뿐이다.

부시 대통령 직속의 생명윤리 자문위원회 의장인 레온 카스 같은 비관적인 미래 예측자들은 복제가 상품화에 이어서 인간의 가치 절하로 이어질 것이라는 주장을 펼쳐왔다. 그는 25년 전 인공 수정에 대해서도 거의 같은 말을 했지만, 음울한 미래 예측은 실현되지 않았다.

《멋진 신세계》에서 헉슬리는 복제와 환경 조건 형성을 조합하여 아기를 대량 생산하는 과정을 묘사했다. 카스를 비롯한 사람들은 《멋진 신세계》가 쓰일 무렵에는 몰랐던 가능성인 유전공학이 실제로 그런 세계를 만들어낼 것이라고 두려워한다. 판도라 상자가 열린다면, 미끄러운 비탈에 발을 디딘다면(그런 진부한 문구와 비유는 끝없이 나온다), 우리 운명은 정해진다고 말이다. 어떤 법도 어떤 사회적 합의도 비탈을 따라 심연으로 빠지는 것을 막을 수 없다는 것이다.

하지만 나는 그런 주장을 믿지 않는다. 과학은 의학

을 발전시키고, 우리의 건강과 행복을 크게 강화시킬 수 있다. 불임 환자들을 위한 번식 목적의 복제는 우리의 미래에서 아주 작은 부분을 차지할 수도 있고, 그렇지 않을 수도 있다. 차지하게 된다면, 그것을 하려는 동기 중에 사회가 볼 때 다른 동기보다 더 가치 있는 것도 있을 것이다. 한편 영국처럼 고도의 규제를 받는 환경에서는 기준을 충족시키지 못하는 동기들도 있을 것이다. 하지만 불임 환자를 위한 번식 목적의 복제에서 본질적으로 부도덕한 부분은 없다.

사본 형성을 위한 복제

우리는 번식용 복제가 불임 환자나 이런저런 이유로 도움을 받지 않으면 아이를 낳을 수 없는 사람들을 위한 치료법이 될 수 있을지를 다각도로 논의했다. 누군가가 복제를 하고 싶은 이유는 두 가지이다. 살아 있는 사람의 유전체를 복사하고 싶거나, 이미 죽은 누군가의 유전체를 복사하고 싶기 때문이다. 왜 유전체를 복사하고 싶은 걸까? 의학적 동기와 사회정치적 동기가 있다. 전자부터 차례로 다루어보자.

약 15년 전 미국에서 애니사 아얄라는 소녀가 백혈병

으로 죽어가고 있었다. 맞는 골수 기증자를 찾아보려고 갖은 애를 썼지만 모두 실패했다. 중년의 나이였던 부모는 필사적이었다. 그들은 아이를 더 낳기로 결심했다. 하지만 설령 아얄라 부인이 임신을 할 수 있다고 할지라도, 신생아가 딸과 들어맞는 골수를 가질 확률은 4분의 1밖에 되지 않았다.

이런 소식이 전해지자 생명윤리학계는 경악했다. 일부는 근본 윤리 규범을 위반했다고 부모를 비난했다. 칸트의 정언명령 말이다. 그들은 그 결과로 생긴 아이가 자신의 복지와 아무 관련이 없는 목적을 위한 수단으로 취급될 것이라고 주장했다. 하지만 그 부부가 취한 행동이 자동적으로 칸트의 명령에 위배되는 것은 아니라고 지적한 사람들도 있었다. 정언명령은 우리에게 타인을 절대로 어떤 목적의 수단으로 사용하지 말라는 것이 아니라(우리가 늘 그렇게 하니까), 목적을 위한 수단으로만 사용하지 말라는 것을 알려주기 때문이다.

아기인 마리사는 1990년에 태어났고, 골수가 언니와 완벽하게 일치하는 것으로 드러났다. 아기가 14개월이 되었을 때 골수 이식이 이루어졌다. 수술은 성공했고, 애니사는 목숨을 구했다. 아이의 부모는 마리사가 두 배로 사랑스럽다고 했다. 스스로도 그렇고 언니에게 생명이라는 선물을 주었기 때문에도 그렇다는 이유에서였다.

칸트의 정언명령 이야기가 나왔으니 말인데, 우리는 부모가 아이를 낳는 이유는 저마다 다르다는 것을 염두에 두어야 한다. 그 중에는 특정한 목적을 위한 수단 역할을 하는 이유도 많다. 부모는 자라서 가족 농장이나 집안 사업을 떠맡고, 나이 든 자신을 돌보고, 식구를 돌볼 수 있는 아이를 원할 것이다. 그리고 영국에서는 귀족 가문을 계승할 상속자를 원한다는 것도 잊지 말자. 다른 동기들이 있다고 해서 이런 생각이 잘못된 것은 아니다. 이런 동기만을 가진다면 잘못된 것이다. 이 말은 기존의 번식 방법에도 적용되고, 번식용 복제와 의학적 맥락의 사본 형성용 복제에도 똑같이 적용된다.

골수가 일치하지 않는 아기가 태어났으면 어떻게 되었을지 묻는 사람들은 부모가 그 아기를 버렸을 것이라고 생각하겠지만, 나는 그렇지는 않았을 것이라고 믿는다. 설령 그들이 한 말이 옳을 가능성이 있다고 할지라도, 이 사례를 2020년으로 가져가서 복제가 그 식구들에게 대안이 될 수 있다고 상상해보자. 복제 기술을 쓸 수 있다고 할 때, 애니사를 복제한다면, 즉 아이의 유전체를 복사하여 100퍼센트 일치하는 골수 기증자를 확보한다면 과연 또 다른 도덕적 문

►아빠의 클론 군대

제가 생길까? 나는 그렇지 않다고 생각한다.

여기서 회의주의자들은 미끄러운 비탈이라는 망령을 불러들일 것이다. 4장에서 길게 다룬 논의 말이다. 하지만 여기서 우리가 다루고자 하는 것은 치료용 복제가 번식용 복제로 필연적으로 이어질 것인지 여부가 아니라, 위험하지 않은 방법으로 골수를 기증할 수 있는 아기를 복제를 통해 얻을 수 있도록 허용했을 때, 필연적으로 벽장 속에 있는 클론 시나리오 같은 도덕적으로 혐오스러운 행위로 미끄러질 것인지 여부이다. 뇌사한 클론이나 더 나아가 살아 있는 클론을 장기 공급원으로 쓰는 것처럼 말이다. 나는 그런 위험이 있을 것이라고는 보지 않는다. 클론도 모두 당신이나 나와 똑같은 법적 권리가 있기 때문이다.

예를 들어 심장을 떼어내기 위해 클론을 죽이는 것은 다른 누군가를 죽이는 것과 마찬가지로 살인 행위이다. 이 끔찍한 시나리오에는 미치지 못하지만, 원본이 손상된 신장 하나를 대체하기 위해 복제 아기를 만드는 행위는 적절한 법률로 금지시킬 수 있다. 다시 말하지만, 의학적으로나 도덕적으로 받아들일 만한 혜택을 오용이 두려워서 포기한다는 것은 생의학을 잘못된 방식으로 대하는 것이다. 오용될 수 있다는 이유로 모든 기술, 모든 의술을 금지한다면, 우리는 법 제도뿐 아니라 의학도 포기해야 한다.

유전체 사본을 만드는 복제의 두번째 동기는 자신을 영속시키는 데 있다. 사담 후세인 같은 사람이 복제 기술을 이용해 자신을 만들 것이라는 주장을 하는 사람이 대단히 많다는 것을 알면 놀랍기도 하고 한편으로 재미있기도 하다. 그들은 그런 사람이 복제 기술로 장난을 치면 어떻게 하냐고 몸서리를 치며 묻는다. 심지어 나는 복제가 대량 파괴 무기가 될 수 있다는 이야기까지 들었다.

이런 사고방식은 과학소설과 연관지어 보아야 납득이 간다. 사담 후세인 같은 독재자가 자신을 복제한다면 어떻게 될까? 대답은 야만적인 독재자가 아니라 그저 한 명의 아기가 태어날 뿐이다. 즉 다른 시대에 태어나 다른 경험을 하고 어느 누구에게 위협을 가할 나이까지 자라려면 아주 긴 세월이 걸릴 아기 말이다.

부활용 복제

앞서 말했듯이, 번식용 복제로부터 나올 수 있는 위험 중에는 오해에 바탕을 둔 것이 많다. 이른바 혜택이라고 부르는 것들도 마찬가지다. 복제가 죽은 아기나 죽은 부모를 되살려 줄 것이라는 믿음이 한 예이다. 물론 그 생각은 틀렸다. 클론은 독자적인 존재가 될 것이다. 기존 삶의 연속이 아닌 새로운 인생을 살아갈 것이다. 죽은 아이를 복제한다고 해도 원래 품었던 목적은 충족되지 못한다. 즉 부모의 슬픔을 달랠 수는 없다. 오히려 클론이 죽은 아이와 아주 흡사할 것이므로(어쨌든 일란성 쌍둥이이므로), 새 아이가 자라는 모습을 지켜보는 부모는 정반대의 반응을 일으킬지도 모른다. 클론이 죽은 아이를 계속 상기시키기 때문에 한없이 슬픔에 잠길 수도 있다. 클론의 관점에서 보면, 자신이 부모의 삶에 생긴 빈 곳을 채우는 역할을 하도록 되어 있다는 사실이 대단히 부당하게 여겨질 것이다. 진정으로 원하는 사람이 더 이상 없기 때문에 일종의 대역 배우가 된다는 점에서 말이다.

복제는 순차적인 형태로 불멸성을 획득하는 데 도움을 주지 못한다. 죽으면 그뿐이다. 당신의 클론, 즉 당신의 쌍둥이는 당신과 다른 별개의 독특한 사람이다. 할리 거리에 있는 불임 전문의 X의 진료 대기실로 잠시 돌아가 보자.

기억하겠지만, D 부인은 남편과 사별했고, 남편이 혼수 상태에 있을 때 채취한 정자를 이용해 아기를 낳고 싶어 의사를 찾아왔다. 그 이야기를 하면서 나는 의사가 그 시술을 거절한다면, D 부인이 대신 자신을 복제해 달라고 요구할 수도 있다고 했다. 하지만 그녀가 남편의 정자만이 아니라, 조직도 일부 떼어내 냉동시켰다면 어떨까? 의사에게 자기 대신 남편을 복제해 달라고 요구한다면? 그러면 그녀는 죽은 남편에게서 나중에 태어난 일란성 쌍둥이를 낳을 수 있게 된다.

이런 상황에서 어느 쪽이 도덕적으로 더 나을까? 냉동 정자가 나을까, 냉동 조직이 나을까? 정자는 그 부부가 임신하려 했던 아기, 즉 엄마와 아빠가 함께 만든 아기를 낳는 데 사용될 수 있다. 아버지가 이미 사망했으므로, 아이에게 이상적인 상황은 아니다. 하지만 D 부인이 의식하지는 않았지만 죽은 남편을 복제하면 그가 돌아오는 셈이라고 어느 정도 기대를 하고 있다면 어떻게 될까? 그녀는 결국 실망하게 될 것이고, 너무나 많은 기대를 받았던 그 아이는 심각한 심리적 대가를 치를지도 모른다. 따라서 내게는 냉동 정자를 사용하는 편이 훨씬 더 나아 보인다.

많은 사람들이 정체성과 진정성에 위협이 된다고 생각하는 기술인 복제가 정작 고유한 삶을 영속시키거나 부활시키려는 시도에 무용지물이라니, 왠지 역설적으로 보인다. 개인의 정체성은 유전적 정체성과 동의어가 아니다. 그것은 환경, 경험, 지난 삶으로 이루어진 훨씬 더 복잡한 혼합물이며, 거기에는 우연도 많이 개입되어 있다.

다음 장에서는 우리를 우리로 만드는, 생 텍쥐베리가 쓴 《어린 왕자*Le Petit Prince*》에 나오는 여우가 한 말을 빌리면, 우리를 '세계에서 하나뿐인' 존재로 만드는 요인들을 살펴보기로 하자. 정체성이 얼마나 허약한 것인지 말이다.

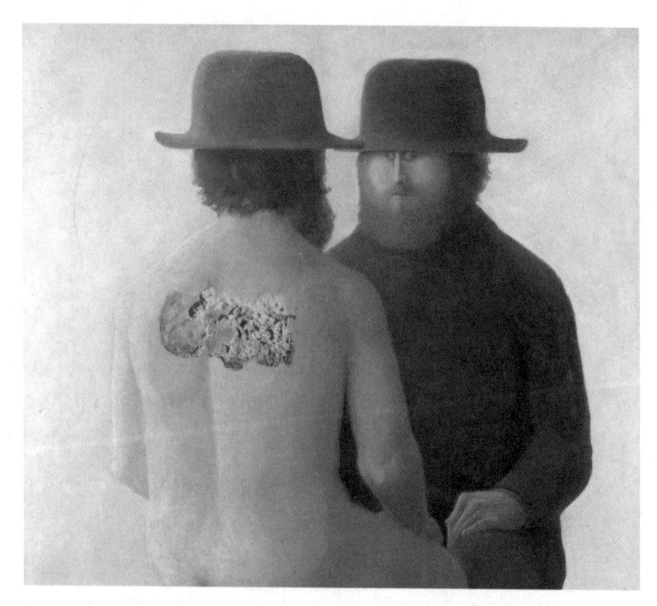

►자기 인식 과정

6
이중의 어려움: 허약한 정체성

그들이 나란히 선다면, 누구도, 어느 누구도 어느 쪽이 나이 든 쪽이고 어느 쪽이 새로운 쪽인지, 어느 쪽이 원본이고 어느 쪽이 사본인지 구분하지 못할 것이다. 그는 심지어 자신의 정체성을 의심하기 시작할 것이다.

도스토예프스키, 〈분신〉

내 이름을 지닌 누군가가 있을 것이며, 그녀는 미친 듯이 요리와 빨래를 하겠지만, 사진을 찍지는 않을 것이고, 그녀가 나일 리는 없다.

《스텝포드의 부인들》

세포와 달리 자아는 복제될 수 없다.

토머스 부처드, 미네소타 쌍둥이 및 입양 연구센터

> 숙련된 솜씨와 장비를 갖춘 사람이라면 모차르트의 머리에서 뽑은 머리카락 한 올로 여성들에게 수백 명의 아기 모차르트를 낳게 할 수 있다. 그들에게 적절한 가정을 찾아준다면 우리는 다섯 명이나 열 명쯤의 성인 모차르트를 얻게 될 것이고, 세상은 더 많은 아름다운 음악으로 가득 찰 것이다.
>
> 아이라 레빈, 《브라질에서 온 소년들》

허구적 분신들

거울을 볼 때, 우리는 자신을 본다. 그렇지 않은가? 르네 마그리트(René Magritte)의 초상화 속 인물인 에드워드 제임스는 거울을 통해 다른 누군가를 보는 듯하다. 그 그림은 직관에 반하며 어색해 보이지만, 거울을 통해 다른 누군가를 본다는 것은 우리가 늘 하는 일이다.

의식을 지닌 당신이나 내가 이쪽 편에 있고, 반대편에는 환영, 즉 독자적인 존재가 아닌 생명이 없는 닮은 모습이 있다. 거울 속에는 우리의 행동과 표정을 담은 이차원 상이 있다. 거울은 우리를 자신과 타자로 나눈다. 우리가 보는 것은 분신, 즉 자신을 비출 수 없는 분신이다. 신화와 전설

►르네 마그리트의 「에드워드 제임스의 초상」

속에서 그림자가 없거나 거울에 자신을 비출 수 없는 존재들은 사악하고, 나아가 영혼이 없는 존재로 파악된다.

분신 개념은 지그문트 프로이트(Sigmund Freud)와 오토 랑크(Otto Rank)를 비롯한 심리학자들의 흥미를 끌었다. 프로이트는 소설가 E. T. A. 호프만이 쓴 작품에 특히 관심이 많았다. 괴이함을 다룬 글에서 그는 호프만 작품은 다양한 모습으로 위장한 분신들로 가득하다고 말한다. 그 중에는 단지 모습만 똑같은 것도 있는 반면, 정신 감응을 하는 듯한 것도 있다. 또 그가 분신화(doubling)라고 부르는 현상을 겪는 것들도 있다. 그것은 자신이 분열하고 상호 대체되는 것을 말한다. 문학 작품에서는 흔히 임종 순간에 분신이 나타나곤 한다. 이때 영혼이 몸을 떠난다고 여겼기 때문일 것이다. 아예 분신이 죽음의 매개자일 때도 있다.

분신 중에서 가장 섬뜩한 것은 정신이 붕괴하고 있음을 드러내는 것일 듯하다. 도스토예프스키의 단편 소설 〈분신*The Double*〉에 나오는 분신은 아주 섬뜩하다. 소설은 공무원인 골랴드킨이 자신을 '선배'로 부르고 '사악한 쌍둥이'를 '후배'라고 부르면서 억압된 채 자신에게 몰입하면서 미쳐 가는 상황을 그리고 있다. 후배는 마치 거울상이 생명을 얻은 것처럼 어느 날 갑자기 나타나서, 선배를 압도하게 된다. 곧 후배는 그의 집을 차지하고, 그의 사무실로도 쳐들어오고, 그의 상사와 어울려 다닌다. 마지막 장면에서 선배는 정신병원으로 향할 듯한 마차 속으로 내동댕이쳐지고, 후배는 뒤에 남아 작별 입맞춤을 날려 보낸다.

클론은 아기로 태어나 자라면서 차이가 나타나게 마련이므로 존재하는 누군가를 쏙 빼닮은 분신이 될 리는 없다. 이렇게 과학적으로 불가능한 복제 악몽임에도 불구하고, 우리는 분신이라는 허구적 상상의 산물을 흔히 접한다. 당신이나 나나 누군가가 자신의 그림자인 분신으로 대체될 수 있고, 아무도, 심지어 우리 자신도 바뀌었다는 것을 알아차리지 못한다는 것이다. 사실 아놀드 슈워제네거가 주연한 복제 영화 「6번째 날」도 줄거리는 똑같다.

복제에 대한 불안감이 절정에 달했던 1970년대에 원본인 인간을 살해하고 그 자리를 대신하는 영혼 없이 겉모습만 그대로 닮은 생물이 나오는 공포 영화 두 편이 나왔다. 1975년 영화 「스텝포드 와이프」에 나오는 과학자들은 악당이 아니다. 사실 과학자들은 등장도 하지 않는다. 악의 세력은 스텝포드라는 미국 교외 지역에서 아내와 함께 생활하는 성공한 사업가들의 모임인 협회이다. 그곳은 아내들이 모두 바비 인형처럼 보인다는 점만 빼면 지극히 평범해 보이는 마을이다. 부인들은 모두 날씬하고 매력적이고 깔끔한 옷차림을 하고 있으며, 개성은 전혀 없다. 이 로봇 같은 가정주부들은 단조로운 기계음으로 말하고, 지치지 않고 세탁이나 요리나 쇼핑에 몰두하는 듯하다. 스텝포드의 남자들은 지극히 인간적인 부인들을 이런 자동 인형으로 대체했다. 남편과 함께 스텝포드로 이사를 온 사진작가인 조안나는 무슨 일이 벌어지고 있는지 깨닫지만 자신의 운명을 피할 힘이 없다. 그녀는 자신의 분신에게 억눌린다.

영화는 모든 아내들이 기계적인 표정을 한 채 금속 손수레를 밀면서 슈퍼마켓 통로에서 만나는 장면으로 끝난다. 이 영화는 공포 영화가 으레 그렇듯이 완벽한 아내를 추구하는 사회를 풍자하고 있다. 그리고 우리가 인간 복제를 우려하는 또 하나의 이유를 간파하고도 있다. 복제 기술을 이용하여 완벽한 인간을 만들려는 시도 말이다. 사실 협회의 회장은 조안나를 '우리를 위해서도 완벽하고 당신을 위해서도 완벽한' 존재로 곧 대체할 계획이라고 말한다.

최초의 시험관 아기가 탄생하고, 데이비드 로빅이 쓴 《자기 모습 그대로: 복제 인간》이 출간되고, 《브라질에서 온 소년들》을 각색한 영화가 나온 해인 1978년에, 냉전 시대의 고전 영화인 「신체 강탈자의 침입」이 다시 영화(「우주의 침입자」라는 제목으로 미국에서 만들어졌다 - 옮긴이)로 제작되었다.

전체주의의 위협을 미니멀리즘 양식으로 보여준 이전 영화와 달리, 새로 각색된 영화는 당시 활짝 꽃을 피웠던 헉슬리식의 인간 대량 생산과 복제에 대한 우려를 고스란히 반영했다. 외계 생명체가 씨의 형태로 지구로 쏟아져 들어와서, 잠을 자는 사람 옆에서 꼬투리를 형성한다. 꽃잎이 펼쳐지면, 그 안에서 막에 둘러싸인 분신이 튀어나온다. 그 분신은 옆에 누운 채 죽어 있는 사람을 대체한다. 꼬투리 인간은 원본과 똑같아 보이지만 자동 인형이다. 감정도 자유 의지도 없는 전체주의 사회에 유용한 인간들이다. 스텝포드의 부인들처럼, 그들도 유사 인간에 대한 두려움과 인간성의 훼손이나 질적 절하에 대한 두려움을 불러일으킨다.

물론 분신과 정체성 혼란을 두려워할 필요는 없다. 고대 그리스 이후로 희극은 정체성 오인이 야기하는 안 좋은 결과들을 소재로 이용해왔다. 특히 쌍둥이를 등장시킬 때가 많았다. 셰익스피어도 《십이야*Twelfth Night*》(바이올라와 세바스찬 쌍둥이 남매)와 《헛소동*Much Ado About Nothing*》(쌍둥이 두 쌍)에서 그 소재를 이용했다. 그리고 이 작품들은 지금도 텔레비전 코미디 프로그램에 쓰이면서 웃음을 유발한다. 정체성 오인을 소재로 한 코미디가 위협적이지 않은 주된 이유가 있다. 관객인 우리와 등장인물들은 그들이 누구인지를 혼동하지 않는다. 그 주변 인물들만이 정체를 혼동하는 듯하다. 그리고 물론 결국에는 모든 것이 밝혀진다.

자연 속의 분신들

문학 작품 속에 등장하는 쌍둥이들에 비해 실제 일란성 쌍둥이들은 혼동을 덜 일으킨다. 잘 모르는 사람이 아니라면 말이다. 비록 유전체가 같고 따라서 유전적 정체성이 동일할지라도 쌍둥이 각각은 서로 다른 고유의 개인적 정체성을 갖는다. 우리 모두가 그렇듯이 말이다. 아첨꾼과 배우라면 이런 개성, 지성, 습성, 변덕, 재능, 세상과 사람에 대한 태도의 독특한 조합을 흉내낼 수 있겠지만, 그것을 복제나 다른 어떤 방식으로 한 사람에게서 다른 사람에게로 이전시킬 수는 없다.

함께 자란 일란성 쌍둥이들과 태어나자마자 또는 태어난 지 얼마 안 되었을 때부터 따로 자란 일란성 쌍둥이들은 개성, 인지 능력, 행동, 특정한 질병 성향 같은 변수들에 환경과 유전자가 상대적으로 얼마나 영향을 미치는지를 비교 연구할 때 주로 인용되어왔다.

미네소타 대학 부설 미네소타 쌍둥이 및 입양 연구센터를 창립자한 토머스 부처드(Thomas Bouchard)는 쌍둥이에 관한 일반적인 사항들과 태어나자마자 떨어져 자란 쌍둥이들을 주로 연구해온 학자이다. 일란성 쌍둥이들은 대부분 함께 자란다. 그들은 부모와 다른 형제자매와의 관계를 볼 때, 똑같은 가정 환경에서 자라기 때문에, 유전자와 환경이 미치는 상대적인 기여도를 파악하기가 쉽지 않다. 반면에 서로 떨어져서 자란 쌍둥이는 만나기는 어렵지만 훨씬 더 많은 것을 알려준다.

부처드 연구진은 나중에 서로 다시 만난 쌍둥이들 사이에 나타난 묘한 닮은 점들을 분석한 흥미로운 사례를 발표했다. '깔깔 자매'라는 별명이 붙은 한 쌍둥이는 웃음을 멈출 수가 없는 사람들이었다. 또 어떤 쌍둥이는 질문을 받을 때에는 가만히 있다가, 대답할 때면 목걸이를 빙빙 돌리는 습관이 있었다. 또 썰물 때에만 바다에 들어가며, 물이 무릎까지 올라오면 더 이상 들어가지 않으려 하는 쌍둥이도 있었다. 유전적 요인은 상상도 못한 방식으로 우리가 생각하는 것보다 더 많은 것을 결정하는 것이 분명하다.

유전성은 개성, 인지 능력, 질병 성향 같은 집단 내에서 편차를 보이는 특징들이 유전적 영향을 얼마나 받는지를 나타내는 용어이다. 그것은 쌍둥이를 비교할 때 같은 구체적인 사례에 적용되는 통계 수치가 아니라, 규모가 큰 집단 전체를 대상으로 하며 퍼센트로 나타낸다. 부처드의 연구에 따르면, 외향성이나 신경증 같은 성격 형질은 약 50퍼센트가 유전성이다. 지능, 즉 IQ는 60~70퍼센트가 유전성이다.

► 파바로티와 클론

이 말은 어떤 집단에서 성격 형질 변이 중 50퍼센트와 지능 변이 중 60~70퍼센트가 유전적 요인 때문에 나타난다는 의미이다. 나머지는 환경 요인 탓이다.

비록 우리는 완벽한 투구 실력과 서커스 연기 같은 갖가지 재능과 형질을 놓고 유전자가 어쩌고저쩌고 자주 떠들어

대지만, 그것이 유전자들이 직접 영향을 끼친다는 의미는 아니다. 심장병이나 암 같은 여러 가지 만성 질병에서 그렇듯이, 유전자들은 단지 성향을 제공할 뿐이다. 쌍둥이 연구는 치명적인 병을 일으키는 돌연변이는 유전될 수 있지만, 성격이나 행동 형질은 그렇게 단순하지 않다는 것을 보여준다.

쌍둥이들의 뇌 크기나 뇌엽의 상대적인 비율이 서로 비슷하다는 것은 사실이지만, 이런 유사성은 뇌의 전반적인 구조를 볼 때만 그렇다. 뇌 세포들을 잇는 수십억 개의 뉴런 연결들 중에는 태어난 뒤에 이루어지는 것이 많다. 지극히 현실적인 의미에서, 클론이든 쌍둥이든 그 이외의 사람들이든 간에 우리는 자신의 뇌를 키우는 것이다. 우리가 보고 듣는 모든 것, 만지고 맛보는 모든 것, 배우는 모든 것, 하는 모든 것, 이 모든 요인들이 결합하여 현재의 우리를 만든다. 어릴 때 경험하고 교육받는 것이 그토록 중요한 이유도 바로 이 때문이다. 풍요롭고 자극적인 환경이 없다면, 우리의 잠재력은 다 계발되지 못한다. 우리의 뇌는 왜소해질 것이고, 우리의 삶도 그럴 것이다.

원본과 클론에 미치는 환경과 경험은 함께 자란 일란성 쌍둥이의 것과 상당히 다르다. 설령 같은 가정에 같은 부모 밑에서 자란다고 할지라도, 가정 환경은 다르다. 출생 순서와 부모의 나이 같은 중요한 사항도 다르다. 집 바깥에 놓인 사회 환경도 다르다. 설령 클론과 원본의 나이가 아주 비슷하다고 할지라도 말이다. 반면에 서로 떨어져서 자란 일란성 쌍둥이는 가정 환경은 다르겠지만, 적어도 전반적인 사회 환경은 크게 다르지 않다.

이렇게 함께 또는 떨어져 자란 일란성 쌍둥이들과 달리, 클론과 원본은 자궁 환경이 다르다. 설령 한 어머니 뱃속에서 태어났다고 할지라도, 임신 상태 및 그와 관련된 호르몬 변화 등 다양한 측면에서 차이를 보일 것이다. 쌍둥이는 함께 자랐든 떨어져 자랐든 간에 같은 세대에 속한다. 즉 그들은 똑같은 사회적·문화적 분위기를 경험한다. 반면에 클론과 원본은 여러 해, 심지어는 한 세대 이상 떨어져서 자랄 수도 있다. 따라서 환경 차이가 대단히 클 수 있다.

독재자 설계하기

아이라 레빈의 소설 《브라질에서 온 소년들》은 환상적이지만 허구인 복제 실험을 소재로 삼았다. 책 자체도 많이 팔리긴 했지만, 대다수 사람들은 그 이야기를 영화를 통해 접했다.

아우슈비츠에서 끔찍한 실험을 했던(쌍둥이를 대상으로도 실험을 많이 했던) 의사 요제프 멩겔레는 전쟁이 끝난 뒤 파라과이로 자리를 옮겨서 예전에 했던 사악한 실험을 계속한다. 아니 다소 새로운 실험이라고 할 수 있다. 그는 아돌프 히틀러가 죽은 직후에 채취한 유전 물질을 이용하여 히틀러의 클론 94명을 만들어낸다. 복제를 다룬 최근의 대다수 문학 작품들과 달리, 《브라질에서 온 소년들》은 과학적인 세부 사항에 꽤 많은 지면을 할애하며, 특히 천성과 양육의 상대적인 역할을 깊이 다루고 있다. 멩겔레는 후자의 영향도 무시하지 않는다. 그는 각각의 아기가 히틀러의 어렸을 때와 똑같은 환경에서 자랄 수 있도록 부부들을 잘 골라 입양을 시킨다. 부모의 나이, 성격, 아버지의 직업 등등을 고려해서 말이다.

히틀러의 아버지는 히틀러가 열네 살 때, 예순다섯 나이에 죽었으므로, 멩겔레는 때맞춰 암살자를 보내 아이들의 양아버지들을 살해한다. 하지만 계획은 실패하고, 소년들 중에서 자라서 원본이 했던 것처럼 세계를 공포로 몰아넣을 자가 과연 있을지 궁금증을 남겨둔 채 이야기는 끝을 맺는다.

물론 그럴 가능성은 없다. 가정 환경을 비슷하게 했어도, 소년들과 히틀러가 성장한 환경에는 차이가 있다. 더 넓은 사회적 맥락도 다르고, 주변 상황과 선택에 따르는 경험, 실패, 성공도 크게 다르다. 우리는 유전자와 환경이 만들어낸 산물인 동시에, 우리가 하는 것과 당하는 것의 산물이기 때문이다. 그런 모자이크는 결코 모사할 수 없다.

《브라질에서 온 소년들》은 끔찍함과 숭고함, 즉 히틀러와 모차르트를 확연히 대비시킨다. 따라서 또 다른 환상적인 실험을 하나 말하고 이 장을 끝맺기로 하자. 우리가 모차르트의 DNA를 온전한 상태로 보존하고 있고, 그것으로 그를 복제할 수 있다면, 새로운 인물은 어떤 모습일까? 음악천재가 될까? 적어도 음악가는 되지 않을까?

모차르트 복제하기

다른 집들보다 더 음악적인 가정이 있다. 바흐 집안이 가장 뚜렷한 사례이다. 그 집안에서는 300년에 걸쳐 작곡가, 연주자, 성가대 지휘자 등 80명이 넘는 음악가가 배출되었다. 앞서 쌍둥이 연구를 다룰 때 말했듯이, 성격과 지능에는 유전적 요소가 있다. 음악적 재능도 마찬가지다. 2001년에 발표된 한 쌍둥이 연구 결과는 청음 능력 부분에서 유전성이 대단히 높다는 것을 보여주었다. 80퍼센트나 되었다. 틀린 음 중에서 맞는 음을 골라낼 수 있는 능력만으로 음악가가 되는 것은 아니지만, 그것이 전제 조건이라는 점은 분명하다. 물론 타고난 재능과 천재성 외에 훨씬 더 복잡한 사항들이 있으며, 환경의 질도 천재성과 연관되어 아주 중요한 역할을 한다.

볼프강 아마데우스 모차르트는 1756년 1월 27일 잘츠부르크에서 일곱 아이 중 막내로 태어났다. 형제자매 중 다섯 명은 어릴 때 죽었다. 그 말고 살아남은 사람은 누나인 난넬이었다. 난넬은 그보다 다섯 살 더 일찍 태어났다. 모차르트의 아버지 레오폴트는 바이올린 연주자이자 작곡가였다. 외할머니도 음악가였다. 모차르트의 누나는 건반 악기에 대단히 놀라운 재능을 지니고 있었지만, 잠재력을 완전히 계발하지는 못했다.

모차르트는 아들을 둘 낳았다. 장남인 카를은 음악가가 되고자 했으나 좌절하고, 대신 공무원이 되었다. 차남인 프란츠 자비어 볼프강이 생후 4개월 때 모차르트는 세상을 떴다. 차남은 좋은 음악 교육을 받는 혜택을 누렸다. 어머니가 그에게 모차르트의 아들이라면 평범해서는 안 된다고 경고를 했지만, 그는 평범한 음악가 생활을 했다.

모차르트가 자란 환경 중에서 그와 클론의 유사성에 기여할 만한 측면이 세 가지 있다. 사회적 특징(18세기는 21

►누나와 함께 아버지에게 악기를 배우고 있는 모차르트

세기와 전혀 다르다), 가정 환경, 주류 음악 문화가 그것이다. 우리는 두 가지만 살펴보기로 하자. 모차르트가 자란 가정 환경과 그가 몸담았던 음악계의 특징을 보자.

난넬은 여덟 살 때 아버지에게서 건반 악기를 배우기 시작했다. 세 살 반밖에 안 되었던 동생 모차르트는 자기도 배우겠다고 우겼다. 그래서 모차르트도 함께 배우기 시작했다(모차르트에게 제 나이에 음악을 배우기 시작한 누나가 없었더라면, 이런 일은 일어나지 않았을 것이다). 모차르트가 네 살 때까지, 레오폴트는 아들의 놀라운 음악적 재능을 감탄하면서 계속 지켜보았다. 왕성한 활동을 하는 작곡가이자 교육자였던 아버지는 곧 음악가 생활을 접고 아이들 교육에 전념했다.

1762년 두 아이가 이룬 음악적 성취에 자극을 받은 레오폴트는 아이들을 데리고 순회 공연에 나섰다. 그로부터 1년 뒤 볼프강과 난넬에게 주어진 음악가의 운명이 정해졌다. 다음 14년 동안 레오폴트는 한 아이만, 아들만 데리고 유럽을 돌아다녔다. 여행 때마다 목적이 있었고, 소년이 해야 할 일과는 꽉 짜인 시간표에 맞춰 이루어졌다. 예를 들어 볼프강이 열세 살 때, 레오폴트는 작곡 재능을 계발시키고 이탈리아어도 가르치고자 아들을 이탈리아로 데려갔다. 이런 여행을 하면서 볼프강은 작곡가들을 만나고, 연습을 하고, 연주회를 열었고, 아버지에게서 종교, 정치, 예술, 역사 등 다양한 과목을 배웠다.

모차르트 가족의 생활은 모차르트의 잠재력 계발과 욕구를 중심으로 이루어졌고, 레오폴트는 아들이 지닌 천재성을 계발시키기 위해 아들 인생의 모든 측면을 설계하고 통제했다. 그 천재성이 음악으로 표현되었으므로, 이제 당시의 주류 음악 문화 쪽으로 이야기를 돌려보자.

당시 바로크 음악은 사라지고 있었다. 모차르트는 음악계가 쇄신되고 재규정되기를 기다리고 있다는 것을 알았다. 뛰어난 지성과 우수한 교육과 폭넓은 음악 경험과 풍부한 상상력을 갖추고 있었기에, 그는 그 일을 해낼 만한 인물이었다. 그를 비롯한 음악가들은 소나타 형식을 개발하고 있었지만, 여기에서는 오페라라는 한 분야에만 논의를 집중하고자 한다.

오페라 세리아(opera seria, 아리아와 대사 내용에 중점을 둔 18세기 유럽을 풍미했던 이탈리아 오페라 양식–옮긴이)는 헨델의 전문 분야였다. 오페라는 음악도 감탄스럽지만, 사랑이나 열정 같은 추상적인 '정서', 즉 감정 상태를 표현하기 위해 아리아도 쓰였다. 배우들은 노래를 부를 때에는 연기를 멈추었다. 당시에 아리아는 이 오페라 저 오페라에 얼마든지 갖다 쓸 수 있었다. 사실 가수들은 종종 그렇게 했다. 당시의 희극 오페라인 오페라 부파(opera buffa)는 뻔한 상황에 뻔한 인물이 등장하는 형태였다. 대개 젊고 예쁜 하녀가 등장하여 어리석거나 호색적인 늙은 부자 주인을 골탕 먹인다는 내용이었다.

모차르트가 오페라를 혁신시켰다는 말은 절대 과장이 아니다. 세르피나(페르골레시의 「마님이 된 하녀*La serva padrona*」에 나오는 하녀)는 「피가로의 결혼*Le nozze di Figaro*」에서 현명하고 사랑스럽고 복잡한 정신 세계를 지닌 하녀 수잔나가 되었다. 모차르트가 묘사한 인물들은 지극히 인간적이고, 그들이 부르는 아리아는 각자만의 것이다. 다른 아리아로 바꿔 부른다는 것은 상상도 할 수 없다. 앙상블과 아리아는 줄거리를 끌고 나간다.

모차르트가 접했던 음악과 그가 우리에게 남긴 음악 사이에는 닮은 점이 전혀 없다. 복제되었든 아니든 간에, 베르디, 푸치니, 바그너의 음악을 들은 현대 작곡가가 모차르트가 살았던 음악 세계로 과연 되돌아갈 수 있을까? 그것은 불가능하다. 그가 자란 가정 환경을 재창조하는 것도 불가능하다. 레오폴트를 복제하고, 그가 아들의 클론을 키울 수 있을 만큼 자랄 때까지 25년을 더 기다린다고 해도 그럴 수 없을 것이다.

►모차르트의 「여자는 다 그래」를 공연 중인 잘츠부르크 인형 극단

그렇다면 2005년에 태어난 모차르트 클론은 어떻게 될까?

볼프강 II는 분명 모차르트처럼 생겼을 것이다. 머리 모양은 다르겠지만, 같은 특징을 지니고 있을 것이다. 키는 더 크고 더 튼튼할 것이다. 지금이 영양 공급이 더 좋고 산전 진단이 폭넓게 이루어지기 때문이다. 사실 그의 형이나 누나 중 한 명이 더 살아남았다면 모차르트는 태어나지 못했을지도 모른다. 우리는 볼프강 II가 지능이 높고 원본과 성격이 비슷하다고 예상할 것이다. 이런 형질들은 유전성이 높기 때문이다. 그는 음악적 재능이 평균 이상일 것이다. 아마 대단한 재능을 지녔을 것이다. 하지만 그가 신동이나 음악 천재가 될 수 있을까? 레오폴트 같은 아버지로부터 영향을 받지 않는다면, 그는 신동은 되지 못하겠지만, 수재는 될 수 있을지 모른다. 여기서는 쌍둥이 연구도 별 도움이 안 된다. 연구할 만한 수재가 너무 적기 때문이다.

설령 볼프강 II가 작곡을 한다고 해도, 모차르트처럼은 아닐 것이다. 그는 의자에 앉아 42번 교향곡을 쓰지 않을 것이다. 그런 음악 문화는 사라지고 없다. 모차르트가 대처했고 통달했던 도전 과제도 마찬가지로 사라지고 없다. 아마 볼프강 II는 록 음악가가 될지 모른다. 어떻게 될지 누구도 말할 수 없다. 우리가 확실히 말할 수 있는 것은 모차르트가 환경과 유전의 영향으로 구성된 고도로 복잡하고 독특한 집합이 만들어낸 산물이라는 사실이다.

예술 천재를 고스란히 본뜬 사본을 만드는 것은 불가능하다. 하지만 작품 자체의 사본은 어떨까? 가령 그림이나 조각 같은 것 말이다.

이제 마지막 장으로 넘어가서 사본이라는 주제와 그것이 인간 복제에 관한 개념과 어떤 관계가 있을지 살펴보자.

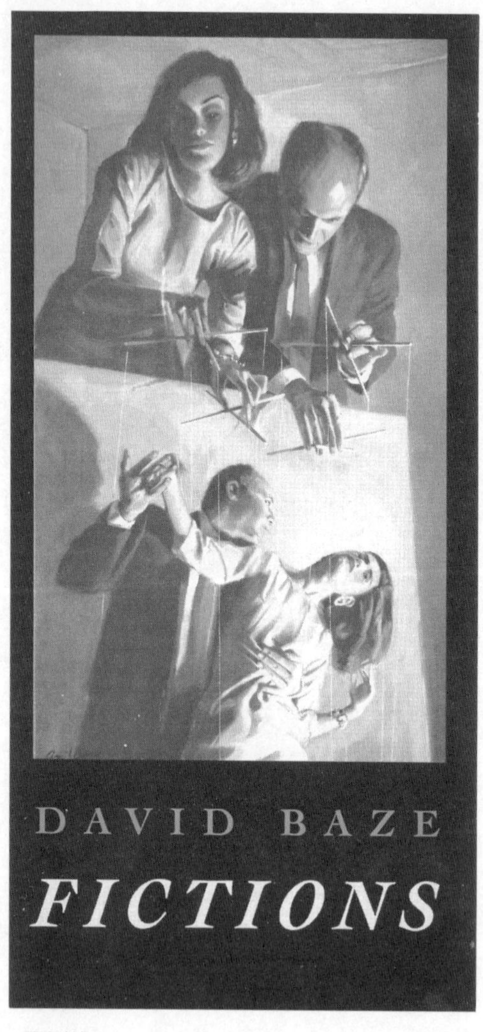

► 꼭두각시

결론
모나리자는 하나뿐이다

나는 인간 복제가 사람을 개인으로 대우하지 않는 과정을 수반할 것이기 때문에 꺼림칙하게 여긴다.

이언 윌머트

쌍둥이라면 그저 놀랍겠지만, 그 이상이라면 충격일 것이다.

캐롤 처칠, 《수》

무엇보다도 나는 한 명의 개인이다.

헨리크 입센, 《인형의 집》

내 소파 위에 걸려 있는 그림이 레오나르도 다 빈치

의 「모나리자」 복제품이라면, 사람들이 구경하겠다고 집 모퉁이를 빙빙 돌아 줄까지 선다는 생각은 그다지 들지 않을 것이다. 마찬가지로 피렌체의 시뇨리아 광장에 서 있는 미켈란젤로가 만든 「다비드」 복제품도 입을 쩍 벌린 채 쳐다볼 관광객들을 별로 불러모으지 못한다. 그들의 목적지는 길을 좀더 올라간 곳에 있는 아카데미아이다.

사람들이 광장에 있는 조각상에 무심한 이유는 뻔하다. 극히 드물게 예외가 있긴 하지만(그리스 조각상이나 작품을 모방하여 성당 안이나 문 앞에 설치한 로마 작품들), 원본, 즉 진짜는 박물관에 보관되어 있기 때문이다. 나머지는 모두 사본, 모조품, 가짜에 불과하다. 진짜를 쓸 수 없을 때 사용하는 대체품이다. 예술 작품의 사본은 원본보다 미적으로나 경제적으로 가치가 떨어진다. 그리고 사본이 어떤 가치를 지니고 있든 간에 그것은 고유의 특징과 특성에서 비롯되는 것이 아니라, 원형과 얼마나 일치하느냐에 달려 있다.

하지만 클론은 단지 원본의 사본이 아닐 것이며, 사실 그럴 수도 없다. 하지만 불행히도 클론이 사본이라는 생각은 복제 이야기의 중심지에서도 엿보인다. 돌리를 복제한 연구진을 이끌고 있는 이언 윌머트는 번식 목적의 인간 복제 개념을 혐오한다는 이야기를 할 때 종종 그 용어를 사용하곤

했다. 그는 "인간을 복사하다"라는 말을 썼다.

하지만 사람은 복사될 수 없다. 우리의 거울상은 거울을 들여다보는 이편에서 삶을 얻지 못한다. 원본에서 얻은 세포 하나로 새로운 사람을 재구성하는 것은 그저 유전체를 복제하는 것일 뿐이다. 클론은 나중에 태어난 일란성 쌍둥이다. 클론이 원본보다 나중에 나오기 때문에 복사라는 비유는 쌍둥이보다 클론에 더 적용되기 쉽지만, 그 말은 쌍둥이에게 쓰는 것과 마찬가지로 클론에 쓸 때 오해를 불러일으킬 수 있다.

아마 복제에 관한 오해 중 가장 심각하고 해로운 것은 유전적 정체성이 개인의 정체성과 같다고 보는 생각이다. 그것은 정말로 오해이다. 심지어 하체를 함께 쓰고 외부 환경도 똑같은 이른바 샴쌍둥이(몸이 붙은 쌍둥이라고 해야 더 맞다)도 성격이 서로 다르다.

복제를 복사 개념으로 보는 태도는 전혀 사실에 근거를 두지 않은 희망과 두려움을 자극한다. 그런 희망 중 하나는 언젠가 죽을 사람이나(우리 모두가 그렇지만) 이미 죽은 사람에게 일종의 연이은 영속성을 생물학이 제공할 수 있으리라는 시각이다. 비탄에 잠긴 사람과 사별한 사람은 미래 복제 사업가들이 던져놓은 유혹에 빠지기 쉽다. 잘못된 믿음은 도덕적으로 모순된 결과를 낳을 수도 있다.

부활을 염두에 두고 만든 클론은 스스로가 아니라 원본과 얼마나 일치하느냐에 따라 가치가 달라질 것이다. 개성, 행동, 재능, 더 나아가 천재성의 일치 여부에 따라서 말이다. 클론은 그늘 속에서 살아갈 것이다. 영원히 비교되고, 영원히 모자란 존재로서 말이다.

반면에 번식 목적의 인간 복제가 안전하게 이루어질 수 있다면(그리고 그것이 인기가 있다면), 불임, 특히 양쪽 다 불임인 부부에게 도덕적으로 용납할 수 있는 치료법이 될 것이다. 마찬가지로 적합한 골수를 가진 형제자매를 낳기 위해 아픈 아이의 유전체를 복사하는 복제도 새 아기가 단지 목적을 위한 수단으로만 여겨지지 않고 사랑받는 소중한 존재인 한 도덕적으로 정당할 수 있다. 하지만 불행히도 법이 동기를 토대로 행위를 구분하기란 대단히 어렵다.

인공 수정과 마찬가지로, 불임 부모에게 아기를 안겨 줄 복제 기술도 개성이나 인간성을 훼손시키지 않을 것이다. 기존 방식으로 잉태된 아이들이 그렇듯이, 어떤 식으로 태어나는가 여부는 도덕과 무관하다. 성행위가 사랑에서 비롯되었든 정욕에서 비롯되었든 간에, 출산을 둘러싼 상황과 동기가 무엇이든 간에, 아이는 완전한 법적 권리를 지닌 완벽한 인간이 될 것이다. 필요할 때 장기를 떼어내기 위해 벽장 속에 보관해두는 클론 같은 것은 있을 수가 없다.

독창적인 예술 작품을 표준화하여 복제품을 찍어내는 행위는 예술을 상품화하는 것이겠지만, 복제를 통해 이루어진 친자 관계는 인간을 상품화하는 것이 아니다. 하지만 한 사람의 클론을 하나가 아니라 여럿 만든다면 어떨까? 그 생각은 왜 불편하게 느껴지는 것일까? 그것은 다수의 사람들이 하나의 개인 정체성을 공유하는 결과가 빚어지기 때문이 아니다. 그렇지는 않을 테니 말이다. 다수의 클론이 당혹감을 일으키는 것은 그들이 보통 아이들로 보이지 않기 때문이다. 그들은 제품에 더 가까워 보일 테고, 그들의 창조자는 사실 부모가 아니다. 극작가 캐롤 처칠이 한 말마따나, 이런 클론들은 자신의 '숫자화'를 어떻게 받아들일까? 아마 가치 절하로 느낄 것이다.

인간 클론을 대량 생산한다는 개념은 인간성이 제거된 채 정해진 과업에 맞도록 설계된 열등한 클론들을 생산하는 헉슬리의 보카노프스키 공정을 떠올리게 한다. 그 미래 예측은 공상에 불과하며 앞으로도 계속 그렇겠지만, 그럼에도 우리가 지닌 개성과 자율성에 심각한 위협을 가하고 있다. 둘 다 서구 사회에서 아주 중요시하는 가치들이다.

가치 절하된 사본이 된다거나, 한 명 또는 20명, 더 나아가 100명의 사본들을 낳는 주형이 된다거나 하는 등 복제를 생각할 때 떠오르는 불편한 느낌 중에는 현실에 근거를 둔 것도 있을 법하다. 개성, 통제력, 고유성, 인간성의 본질 상실 같은 복제를 둘러싼 온갖 진부한 연상 관념들은 우리 삶에도 고스란히 적용되는 듯하다. 대도시에 살고, 대기업에서 일하고, 남들과 똑같은 옷을 입고 있는 우리에게는 특히 더 그렇다.

우리는 자기만의 고유한 특징으로 평가받지 못할 위험, 심지어 주목조차 받지 못할 위험을 안고 사는 익명의 존재들 같다. 우리는 누군지 모르며 앞으로도 결코 알지 못할 사람들과 무수히 마주친다. 이 낯선 사람들은 우리를 개인으로, 즉 특별한 존재로 보지 않을 것이 분명하다. 비유하자면 우리 자신이 이미 클론이 아닐까 의심하고 있기 때문에, 클론에 대한 두려움이 그토록 강하게 와 닿는 것이 아닐까.

우리는 모두 스스로 선택을 하고, 자신의 운명을 개척하고, 스스로 연대기를 쓸 능력을 지닌 존재가 되기를 갈망한다. 혹시 클론이 된다는 것은 다른 누군가의 이야기를 그대로 읊고 또 읊는다는 의미가 아닐까? 시쳇말로 우리 유전자에 적혀 있는 생명의 책을 읊는 것이 아닐까? 그렇지 않다. 클론도 똑같이 독립된 도덕 행위자가 될 수 있는 구속받지 않은 능력과 열린 미래를 지닐 것이다.

진부한 말을 한 번 더 쓰자면, 우리는 유전자의 총합을 훨씬 넘어서는 존재이다. 당신의 인생을 바꾼 가장 중요한 경험이 일어나지 않았다고 생각해보라. 가령 아이였을 때 부모를 잃지 않았다고 하자. 쓰라린 이혼 경험이 없었다고 하자. 기차나 비행기에서 인생을 새롭게 보게 해준 누군가를 만난 일이 없었다고 하자. 그래서 법대나 의대에 가거나, 선교사가 되거나, 자원 봉사자가 되겠다는 결심을 하지 않았다고 하자. 선거 운동원으로 뛰어들 만큼 온몸에 전율을 불러일으킬 만한 정치가의 연설을 듣지 못했다고 하자. 무엇이든간에 그 일이 일어나지 않았다고 상상해보자. 그렇다면 당신은 지금과는 전혀 다른 삶을 살지 않았을까?

물론 우리는 유전자에 깊이 영향을 받고 있다. 하지만 대개 유전자가 미리 정해놓은 것은 어떤 성향이지 운명이 아니다. 「모나리자」는 하나뿐이다. 그리고 또 다른 당신도 결코 있을 수 없다.

찾아보기

[ㅂ]

[ㅅ]

[ㅇ]